# CONTENTS

**Patch Work** 拼布教室
Spring Edition 2021 no.21

在這創作興致高昂的季節，邁入嶄新的一年，本誌製作了更多變豐富的題材呈獻給您！在拼布界中，深受歡迎的蘇姑娘（Sunbonnet Sue）圖案，以易於裝飾的拼布及實用的小物，在此齊聚一堂。書中眾多可愛的蘇姑娘身影，讓人可以感受到蘇姑娘無時無刻地陪伴左右，溫馨感四溢。為一整年準備的每一季手作布包提案、可作為居家擺飾的框飾拼布，皆為精彩可期。雖然此刻充滿著許多不安的心情，但希望大家都能放心安穩地在家度過屬於拼布人的幸福時光，由衷期盼本誌對您有所助益。

隨書附贈
原寸紙型＆拼布圖案

# 以貼布縫描繪的四季花圈

將四季的花卉以貼布縫縫在拼布上，
裝飾於屋內吧！
本期介紹彩繪冬季的大人風聖誕節吊
掛花束。
原浩美老師使用先染布製作，
表現帶有微妙色調之花朵表情的樂趣。

1

## 以蝴蝶結綁束的
## 聖誕節吊掛花束裝飾

於奶油色的聖誕紅上搭配了尤加利、聖誕冬青、冷杉枝，
並以大大的蝴蝶結加以綁束。配置大量的綠色葉子，並使
用各種不同色調的綠色為重點。於鋸齒狀的邊框上裝飾雪
花結晶的刺繡，基底布料則使用富有溫暖手感的起毛素材。

設計・製作／原 浩美　51×40cm　作法P.85

# 聖誕紅收納盤

於側面以貼布縫裝飾上小小的聖誕紅、尤加利與聖誕冬青的果實。接縫於框綠處，宛如雪花般的絨球飾帶，完全符合冬季氛圍。可用來收納毛線、糕點零食，自由活用於各種場合。

設計・製作／原 浩美　15×20×6cm　作法P.85

攝影／腰塚良彥（P.10、P.20、作法步驟）山本和正（作品）
插圖／三林よし子

# 伴你拼布！
# 可愛蘇姑娘圖選集

本期將介紹日常使用的實用性小物、妝點室內的拼布及框飾，
讓人無時無刻都能過著在生活中布滿蘇姑娘圖案的可愛風格作品。

## ❀ 縫紉工具組 ❀

針線盒、量尺＆筆袋、收納針套、頂
針收納包的同款組合。使用壓線或車
縫方式，將正在埋首針線活的蘇姑娘
進行貼布縫，是一組伴您度過針線時
光的系列小物。

設計・製作／加藤礼子

No.3　14×20.5×7cm

No.4　17.5×10.5cm

No.5　9.5×7.5cm

No.6　6×10cm

作法P.86

## 針線盒

盒蓋的內側附有剪刀套，
並於周圍接縫了一圈可用來收納線捲的口袋。

## 針用收納書

一打開蘇姑娘的剪影，
即可見到內附可收納縫針的不織布。

書本造型的收納袋，
內附能夠收納15cm定規尺及筆類的口袋。
正面則以貼布縫裝飾蘇姑娘與拼布圖案。

## 量尺&筆袋

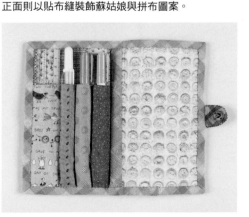

## 頂針指套收納包

如手心尺寸般大小的收納包。
只要收納在專用的收納包裡，
就不必擔心會丟失了！

⬤ 袋中袋 ⬤

身穿露肩平口洋裝，打扮時尚的蘇姑娘。添加於黑色底布上的連鎖心形壓線線條完全符合時髦的蘇姑娘。
由於內附提把，因此也會讓人想作為手提袋使用的出色設計。設計‧製作／丸濱淑子‧由紀子　20×26cm　作法P.7

內側接縫了內附拉鍊的夾層口袋，以及6個收納口袋。
可將物品整理整齊的優秀手提袋。

後側附有一個可適合用來收納手機大小的口袋。

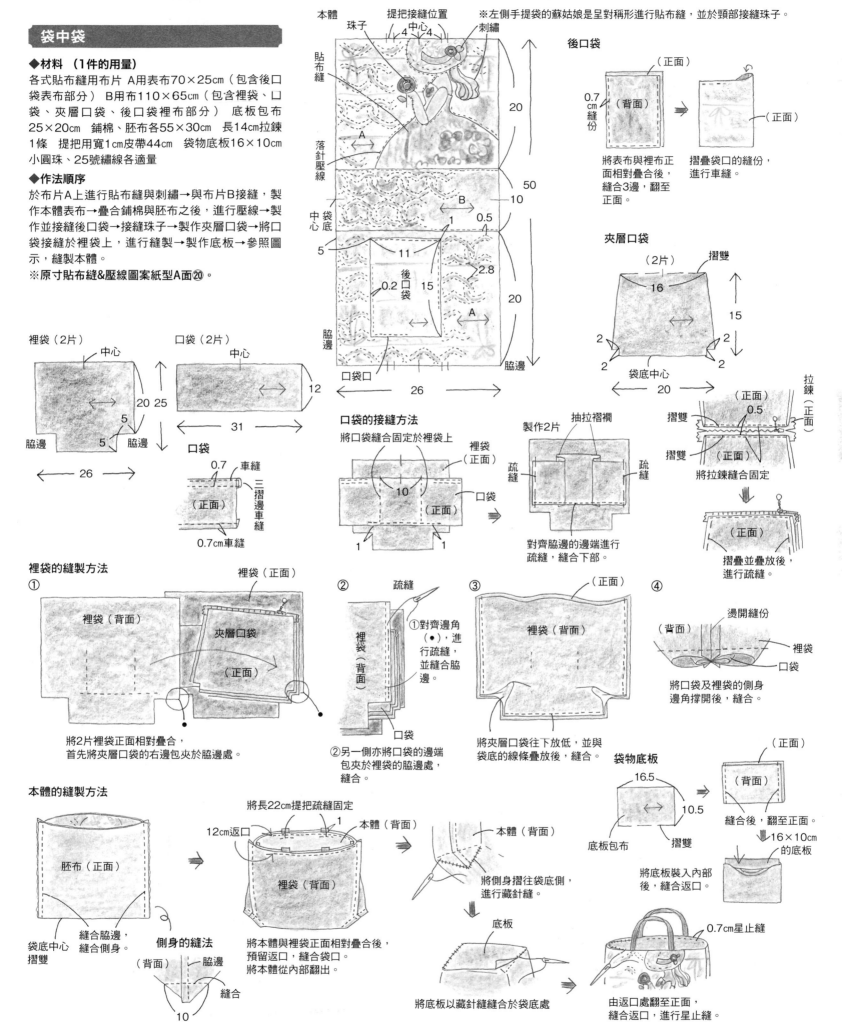

## 袋中袋

**◆材料 （1件的用量）**

各式貼布縫用布片 A用表布70×25cm（包含後口袋表布部分） B用布110×65cm（包含裡袋、口袋、夾層口袋、後口袋裡布部分） 底板包布25×20cm 鋪棉、胚布各55×30cm 長14cm拉鍊1條 提把用寬1cm皮帶44cm 袋物底板16×10cm 小圓珠、25號繡線各適量

**◆作法順序**

於布片A上進行貼布縫與刺繡→與布片B接縫，製作本體表布→疊合鋪棉與胚布之後，進行壓線→製作並接縫後口袋→接縫珠子→製作夾層口袋→將口袋接縫於裡袋上，進行縫製→製作底板→參照圖示，縫製本體。

※原寸貼布縫&壓線圖案紙型A面⑳。

本體　珠子　提把接縫位置　中心　刺繡

※左側手提袋的蘇姑娘是呈對稱形進行貼布縫，並於頸部接縫珠子。

後口袋

貼布縫　落針壓線

0.7cm縫份　（背面）　（正面）

將表布與裡布正面相對疊合後，縫合3邊，翻至正面。

摺疊袋口的縫份，進行車縫。

中心　袋底　後口袋　脇邊　口袋口

夾層口袋（2片）　摺雙

將口袋縫合固定於裡袋上

裡袋（2片）　中心　脇邊　脇邊

口袋（2片）　中心

口袋

0.7車縫　三摺邊車縫　0.7cm車縫　（正面）

**裡袋的縫製方法**

① 裡袋（背面）　夾層口袋（正面）　裡袋（正面）

將2片裡袋正面相對疊合，首先將夾層口袋的右邊包夾於脇邊處。

② 疏縫　裡袋（背面）　口袋

①對齊邊角（●），進行疏縫，並縫合脇邊。

②另一側亦將口袋的邊端包夾於裡袋的脇邊處，縫合。

③ （正面）　裡袋（背面）

將夾層口袋往下放低，並與袋底的線條疊放後，縫合。

④ （背面）　燙開縫份　裡袋　口袋

將口袋及裡袋的側身邊角撐開後，縫合。

口袋的接縫方法

裡袋（正面）　製作2片　抽拉褶襉　疏縫　疏縫　口袋

對齊脇邊的邊端進行疏縫，縫合下部。

拉鍊（正面）　摺雙　0.5　摺雙　（正面）

將拉鍊縫合固定

（正面）　摺疊並疊放後，進行疏縫。

**本體的縫製方法**

胚布（正面）　袋底中心　摺雙

縫合脇邊，縫合側身。

**側身的縫法**

（背面）　脇邊　縫合

將長22cm提把疏縫固定　12cm返口　本體（背面）　裡袋（背面）

將本體與裡袋正面相對疊合後，預留返口，縫合袋口。將本體從內部翻出。

本體（背面）

將側身摺往袋底側，進行藏針縫。

底板

將底板以藏針縫縫合於袋底處

**袋物底板**

16.5　10.5　底板包布　摺雙

縫合後，翻至正面。

16×10cm的底板

（背面）

將底板裝入內部後，縫合返口。

0.7cm星止縫

由返口處翻至正面，縫合返口，進行星止縫。

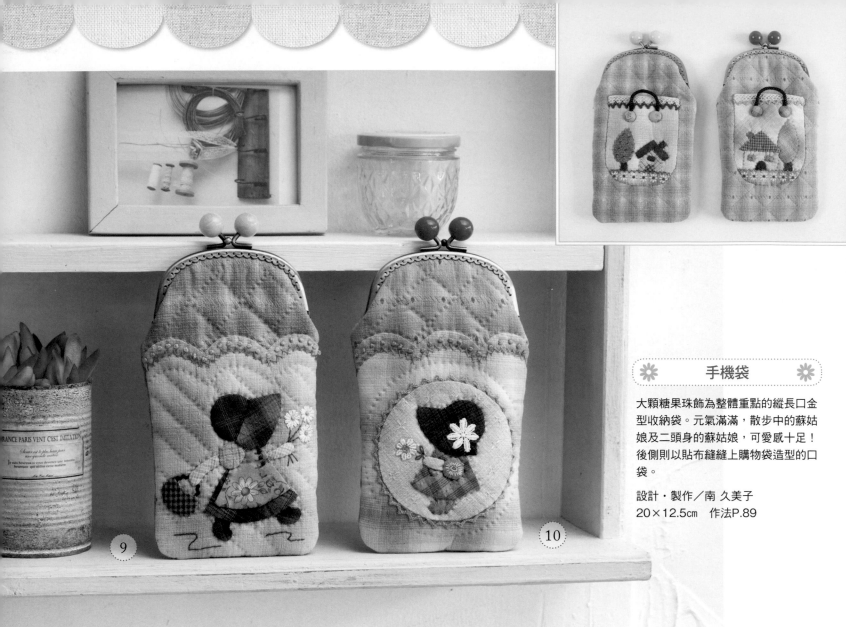

## 手機袋

大顆糖果珠飾為整體重點的縱長口金型收納袋。元氣滿滿，散步中的蘇姑娘及二頭身的蘇姑娘，可愛感十足！後側則以貼布縫縫上購物袋造型的口袋。

設計・製作／南 久美子
20×12.5cm　作法P.89

## 波奇包

將正拿著掃帚在打掃的蘇姑娘作成貼布縫圖案的波奇包。以珠子表現圍裙後方的鈕釦。後側則接縫上將蘇姑娘家的圖案施以貼布縫的口袋。

設計／南 久美子　製作／南 智惠子
13.5×18cm　作法P.88

## ❋ 環保購物收納提袋 ❋

可將巾售或手作環保購物袋裝入後，
隨身攜帶的附提把收納提袋。具備袋
底側身，可裝入大型的環保購物袋，
蘇姑娘正準備外出購物囉！

設計・製作／南 久美子
20.5×16cm

### 環保購物收納提袋

#### ◆材料
各式貼布縫用布片　袋身表布50×20cm　單
膠鋪棉、胚布各75×25cm　滾邊用寬3.5cm
斜布條110cm　內徑尺寸1.1cmD形環2個　長
23cm附活動勾提把1條　直徑1.4cm附花型配
件的磁釦1組　直徑1.8cm包釦用芯釦1顆　繡
線適量

#### ◆作法順序
進行貼布縫之後，組合口袋的表布，製作口
袋→於袋身表布上黏貼鋪棉，疊合胚布之後，
進行壓線，將袋口處進行滾邊→參照圖示，
進行縫製→接縫上磁釦與包釦。
※口袋原寸紙型A面⑥。

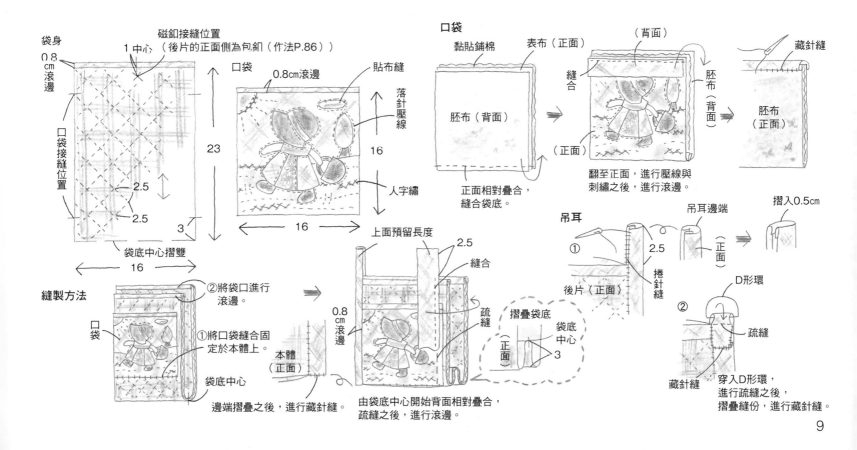

9

# 以絹絲繡線「Soie et」刺繡
## 描繪蘇姑娘的禮服。

不妨使用手染絹線裝飾蘇姑娘的衣服與帽子吧！
運用帶有高級光澤的刺繡，使蘇姑娘的禮服更添華麗感！

手提袋＆P.11頁上方圖案的設計・製作／出口はつえ
製作協力／井上曜子、內田登美

✿ 描繪盛裝打扮的
大人版蘇姑娘的
迷你手提袋 ✿

在已拼接羊毛布、絹布、棉布等，各
種不同素材的基底布上，將盛裝打扮
的蘇姑娘進行貼布縫。接縫處則以具
有分量感的刺繡進行裝飾。

27×22cm　作法P.111

(13)

以刺繡及貼布縫於天鵝絨布上描繪花朵圖
案的外套。
具有光澤面料的帽子，則以紫色繡線進行
刺繡。

在用來裝飾提把的淺駝色人字繡上，
將漸層繡線穿縫於之間。
選擇與布料花紋相同的粉紅色，
使花紋與刺繡更為相映融合。

## 貼布縫搭配刺繡的千變萬化 描繪了摘取庭院裡種植的香草，泡了一壺香草茶的蘇姑娘（原寸圖案紙型A面③）

草帽是以輪廓繡繡出輪廓，使帽子更為清晰鮮明。

水玉點點花樣的圍裙，是以毛邊繡進行緣飾，綁帶則是以緞面繡作出光澤感。

在深粉紅色上衣施以淺粉紅色的十字繡與法國結粒繡。

丹寧布裙子上的大花樣是以漸層繡線進行緞面繡。

裙子上的花朵與漩渦花樣為緞面繡。

室內鞋上的蝴蝶結則是將繡線繫成蝴蝶結。

## 形形色色的刺繡

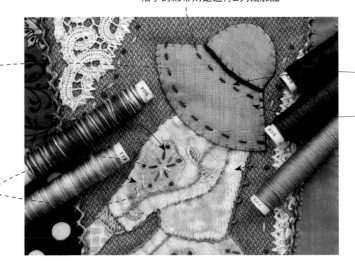

帽子的緞帶則是進行2列輪廓繡

裝飾線刺繡為平針繡

天鵝絨布外套的輪廓及鈕釦是以琥珀色繡線進行刺繡。
由於是取3股線，因此就算是起毛素材，繡線也不會被埋入其中。

花朵的花蕊與葉子的刺繡為漸層繡線

復古蕾絲則使用與蕾絲融為一體的淺粉紅色漸層繡線縫合固定。

能有效地呈現出繡線光澤的緞面繡。只要進行大型圖樣的刺繡，就能使漸層繡線的顏色變化更顯美麗。

讓繡線穿縫於已繡在布片接縫處的人字繡上。

11

## 享受單一圖案樂趣的拼布

可愛的二頭身蘇姑娘，帶著心愛的手提袋，
外出購物。手提袋的設計共有 4 種。貼布
縫於飾邊上的五彩繽紛帽子為視覺焦點。

設計・製作／柏木久美子
127×127cm　作法P.88

la poupée

14

12

抱著聖誕節禮物，留著妹妹頭的蘇姑娘。在帽子與連身裙上，大量地使用了聖誕節圖案的印花布。頭髮、臉、手、靴子則為不織布。

設計・製作／山出 妙
62×44cm　作法P.90

將腳伸長坐著的蘇姑娘。帽子的帽緣處微微往上掀起，隱約可見裡側的設計為視覺焦點。連身裙的裙襬處包夾著蕾絲，營造女孩可愛的形象。

設計・製作／小園明子
28×28cm　作法P.90

貼布縫請參照《パッチワークのキルティング案407（拼布的壓線圖案407）》（主婦與生活社出版）。

將蘇姑娘圖案收納於六角
形的布片之中。帽子上裝
飾了大片的花朵蕾絲，呈
現出流行的時髦感。

設計・製作／熊谷和子
（うさぎのしっぽ）
54.5×49㎝　作法P.92

17

將蘇姑娘圖案縫製在花朵的花
蕊之中，縫製成宛如置身於花
田裡般的印象。

設計・製作／熊谷和子
（うさぎのしっぽ）
67.5×69.5㎝　作法P.92

18

14

利用素色布、碎花布、格紋布等元素，
釀造出復古風的蘇姑娘。略帶圓潤感的
連身裙則營造了柔和的印象。

設計・製作／伊藤琇子　112×100cm
作法P.91

## 描繪蘇姑娘日常生活點滴的拼布

洗衣服的蘇姑娘、與比利及女兒一同外出的蘇姑娘、乘坐嬰兒車的小寶寶與蘇姑娘、燙衣服的蘇姑娘。蘇姑娘女士在工作時穿著圍裙，穿著外出服時也精心打扮得時髦花俏。手腳、下襬的蕾絲則是以刺繡方式表現。

設計・製作／中村麻早希　56×56cm　作法P.91

戴著抽拉褶襉並以刺繡裝飾帽子的蘇姑娘。描繪出午茶時間及摘花等，過著享受個人獨處時間的快樂模樣。

設計‧製作／伊藤知美
43×43cm　作法P.93

21

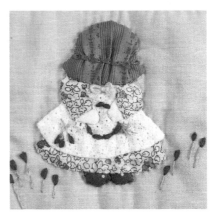

## 相處甜蜜的蘇姑娘與比利

圖案設計成舉辦著歡樂音樂會的情景。指揮家比利以一身燕尾服呈現正式隆重的裝束。

設計・製作／山出 妙
46×36cm　作法P.84

(22)

穿著同款蜻蜓圖案的浴衣，兩小無猜地參加夏日祭典。草帽也相當適合這一身的打扮。

設計・製作／山出 妙
43×49cm　作法P.84

(23)

## ✿ 環保購物袋 ✿

於素色的本體上進行重點裝飾貼布縫的迷你蘇姑娘，是亮眼吸睛的焦點。為了在摺疊收納時避免體積過大而佔空間，因此在接合提把上多費了一番功夫。不嫌多的好用環保購物袋，當作小禮物送人一定也十分討喜。

設計・製作／山崎良子　30×35cm

作法P.93

想要用來贈送的禮物

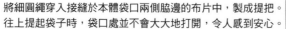

摺疊整齊，即可呈現蘇姑娘圖案。

將細圓繩穿入接縫於本體袋口兩側脇邊的布片中，製成提把。
往上提起袋子時，袋口處並不會大大地打開，令人感到安心。

將背靠背的蘇姑娘以拼布圖案製成。心
形花圈的壓線與薄荷綠的優美配色完美
出眾。非常適合當作寶寶出生禮。

No. 25　設計・製作／東埜純子
93×93cm　作法P.94

圖案參考外文書籍進行配置。

**嬰兒蓋毯&奶瓶提袋**

與蓋毯成組的同款奶瓶提袋，是互相對視
著的蘇姑娘圖案。由於袋口可大幅敞開，
任何款式的奶瓶皆可收納。

設計・製作／古川一予　25×15cm

作法P.94

## ✿ 肩背包 ✿

分別於圓形本體上將蘇姑娘與比利圖案進行貼布縫。因為是粉紅色與藍色的配色，所以送給女孩子與男孩子當作禮物肯定大受歡迎。

設計・製作／秋田廣子　直徑16㎝
作法P.107

27

28

後片接縫了比利與蘇姑娘的貼布縫口袋。

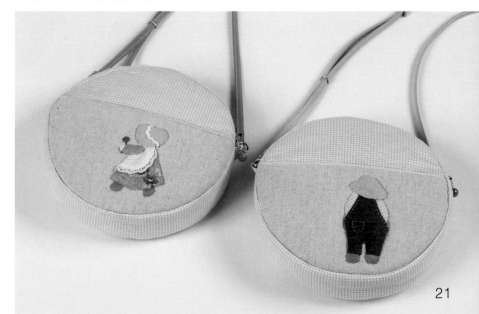

21

## 用來裝飾牆壁與角落的居家擺飾

從心形中一窺各種模樣的蘇姑娘身影，宛如相框般
的小飾品。用來將心形鑲邊的彩色裝飾刺繡顯得亮
眼出色。接縫上吊耳，當作壁飾使用更添樂趣。

設計・製作／加藤礼子　11.5×12㎝
作法P.97

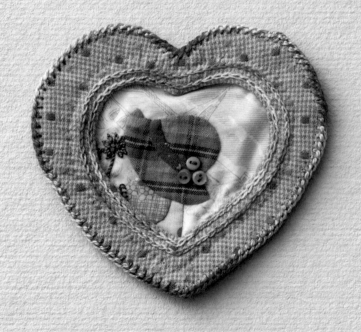

由於內徑尺寸7.5cm的迷你相框可立起擺放，因此無論裝飾何處都十分便利。搭配相框的顏色，進行典雅的裝扮。

設計・製作／古澤惠美子
內徑尺寸7.5×7.5cm　作法P.101

在橢圓形的相框裡，以貼布縫縫了穿著溫暖冬季裝扮的蘇姑娘。鞋子是以十字繡表現靴子的鞋帶。

設計・製作／南 久美子
內徑尺寸14.5×19cm
作法P.101

# 蘇姑娘的貼布縫方法

以下將於圖案用布的正面作記號，解說貼布縫的方法。由位在下方的部件開始依序逐一進行藏針縫。

※依①至⑤順序進行藏針縫。
※手部與袖子先拼縫。

### 準備紙型

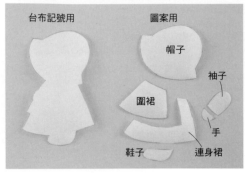

台布記號用　圖案用
帽子
袖子
圍裙
手
鞋子　連身裙

準備台布記號用與圖案用的紙型。

### 於台布上描繪記號

將紙型置放於台布的正面，以鉛筆或用水消除記號的手藝用記號筆沿著紙型作上記號。建議使用筆尖較細的款式。

### 準備圖案用布

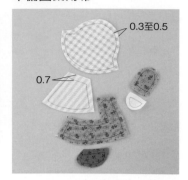

0.3至0.5
0.7

將紙型置放於布片的正面，畫上記號。預留0.3cm至0.5cm縫份，進行裁剪。上方疊放其他圖案的部分則預留0.7cm左右的縫份。

## 轉角處的藏針縫方法

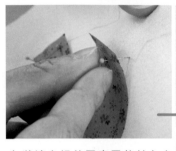

**1** 將連身裙的圖案置放於台布上，並對齊記號，將珠針垂直刺於轉角處。以其他的珠針挑針至台布處固定，再將已挑針固定以外的珠針拆下。

①
②
③
④

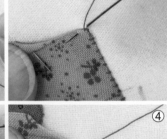

**2** 以指尖摺疊縫份，並以手指按住進行立針縫（①）。待藏針縫縫至轉角處的前側時，再摺疊下一個邊的縫份，以藏針縫縫至轉角處。請務必於轉角處出針（②）。直接挑縫轉角下方的台布（③），往下一個邊進行。

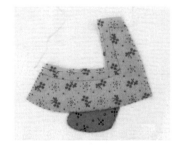

**3** 待藏針縫完成必要部分後，再於圍裙疊放位置的縫份處進行疏縫。

## 弧線縫份處與凹入部分的藏針縫方法

剪牙口
剪牙口

**1** 依照轉角處藏針縫方法1的相同方式，放上圖案用布，並以珠針固定記號處。於凹入部分的轉角縫份剪牙口。

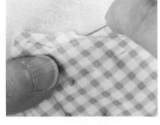
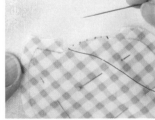

**2** 弧線縫份處則像是以針尖輕撫似的摺疊出流暢的線條，進行藏針縫（左圖）。於轉角處的稍前側暫停（右圖）。

**3** 摺疊下一個邊的縫份，並於轉角處出針後，挑縫下方的台布，繼續進行藏針縫。

## 袖子與手

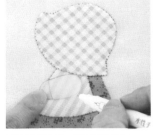

袖子與手則一邊看著圖案，一邊決定位置，置放上紙型後，作記號。

推薦的輔助工具

可樂牌Clover（株）圓頂狀頂針固定器。將台布置放於圓頂型的金屬工具上，再以強力夾固定，進行藏針縫。透過貼放圓頂金屬工具的方式，使布片變得更容易挑針，且能保護手指不被扎傷。刺繡時，可使用專用橡膠圈牢牢固定。

## 帽沿與帽冠分開的帽子

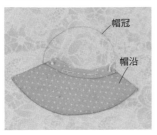  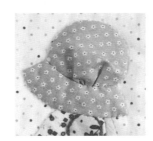

首先將帽沿進行貼布縫，再於帽冠疊放部分的縫份處進行疏縫。

置放上帽冠之後，進行藏針縫。

於帽冠處抽拉細褶後，作成蓬鬆狀的帽子。

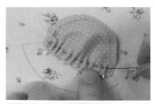 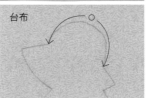

將帽冠的上圓弧長度作成與台布記號一樣的長度。

台布

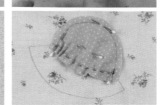

準備一片包含了細褶部分大小的圖案布，並將縫份進行平針縫。將圖案布置放於台布上，對齊轉角的記號，以珠針固定，拉緊平針縫的線。作止縫結固定後，再以珠針固定其他記號處。

## 抽拉褶襉的帽子

以一片布裁成帽子。

抽拉褶襉的部分僅將橫向裁剪得更大一些

紙型的記號

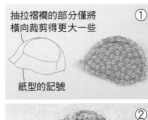
① ③

② ④

抽拉褶襉的部分，僅將圖案布的橫向裁得比紙型記號更大一些。對齊台布的記號後，以珠針固定。由於裁剪得較大，因此可更自然地抽拉褶襉。將弧線部分藏針縫，並一邊整理褶襉，一邊將下部進行藏針縫。

### 縮縫圖案製作形狀的方法

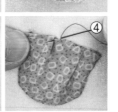
0.7　剪牙口
剪牙口　（背面）

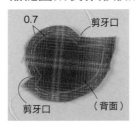  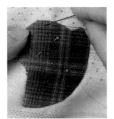

**1** 將翻至背面的紙型置於圖案布的背面，作上記號，預留0.7cm縫份後，進行裁剪。將弧線部分的縫份進行平針縫，並於凹入部分的縫份處剪牙口。

**2** 放上紙型後，拉緊縫線進行縮縫，並以熨斗燙平。直線部分摺疊後，以熨斗整燙。縫線直接留著即可。

**3** 輕輕地取下紙型，置放於台布的記號處，以珠針固定後，進行藏針縫。

---

推薦的搭配組合

---

### 格紋圖案

帶有花樣的格紋圖案會提高時尚度，所以是相當便利好用的布品。只要與布紋呈斜向裁剪貼布縫用布，圖案就會變成斜紋，帶出流動感。

先染布的格紋圖案為織紋花樣，十分美麗出眾。由於花色豐富齊全，因此搭配組合的範圍也相當廣泛。

僅限以先染布進行了配色。花朵圖案的飾邊花樣，彷彿於連身裙的下襬及袖口處出現圖案似的進行裁剪，作出可愛的感覺。

### 碎花印花布

一片片密度極高的花朵圖案布片相當適合用來製成小小的蘇姑娘洋裝與帽子。營造女孩風的印象。

以上方的印花布為主進行配色的蘇姑娘。就連袖子及鞋子處也添加了圖案，相當可愛！

2021年的十二生肖屬牛。祈求一整年的幸福降臨，親手製作一件生肖的拼布吧！
強健有力的牛將溫柔地為我們守護著家人。

攝影／腰塚良彥 山本和正

(34)

## 披著紅色油單布的牛年壁飾

在彩繪梅花的背景下，宛如以天神使者之姿現身般，威風凜凜的牛身上，披掛著一件
紅色油單布，顯得格外華麗，亦增添上笠松文樣的松與竹，成為吉祥祝賀的設計。

設計・製作／庄司京子　52×34cm　作法P.99

## MRS MILK迷你壁飾

使用熱鬧喧騰的印花布，營造歡樂模樣的
乳牛作品No.35，是以紙型板拼接
（Foundation Paper Piecing）※的手法
製作。乳牛耳朵、嘴角、乳房為不織布。
作品No.36則是以不織布的貼布縫方式描
繪乳牛家族。使用YOYO球的花朵將巨大
的牛爸爸、溫柔的牛媽媽，以及可愛的牛
寶寶團團圍繞在一起。

設計・製作／川嶋ひろみ
製作協力／小島保子
No. 35　25×21.5cm
No. 36　25.5×25.5cm
作法P.99

## 乳牛家族的迷你壁飾

※紙型板拼接（Foundation Paper Piecing）的手法於P.73進行解說。

# 運用拼布搭配家飾

**連載**

輕輕鬆鬆地使用拼布・壁飾裝飾屋內吧！
大畑美佳老師提案，
能讓人感受到季節氛圍的拼布為主的美麗家飾。

## 運用暖色系加以整合的拼布房間

寒冷的日子，坐在陽光灑落的窗邊從事拼布。不妨在裁縫的空間裡裝飾上帶有溫暖色調的拼布吧！

組合粉紅色與灰色的「八角形圖案」壁飾，創作出平靜的空間，方便隨身攜帶的裁縫工具收納袋、以刺繡裝飾的大型針插墊，在家中使用，讓針線活兒更有效率地進行。

將拼布的表布繃在立式壓線框上，作為居家的擺飾吧！

設計・製作／大畑美佳
壁飾、六角形摺花的拼布表布製作／加藤るり子
壁飾 99×79cm　裁縫工具收納袋 17×30cm　針插墊 寬13cm
作法P.30、P.31

攝影協力／金龜糸業株式會社（壓線框、線材、剪刀工具）

袋口處有著可愛荷葉邊的方形裁縫工具收納袋，是將工具裝在市售的收納盒中使用。將線材收納在平坦的盒子裡，不僅一目瞭然，更便於使用。側身的口袋則方便用來收納筆類及定規尺等小物。

因為攜帶方便，所以可自由地選在喜歡的場所享受拼布的樂趣。

繡有玫瑰刺繡的美麗針插墊，是將2片圓形布片縫合，渡線之後，作成花朵般的形狀。

由於木製的立式壓線框，具有很高的裝飾效果，因此不僅可用來壓線，亦如同P.28裝飾表布或製作完成的拼布。

# 裁縫工具收納袋

## ◆材料

各式拼接用布片 側身用灰色印花布
95×55cm（包含袋底、布片B、提
把、綁繩部分） 口袋、荷葉邊用布
85×50cm 單膠鋪棉100×45cm 胚
布110×60cm（包含貼邊、縫份收邊
用斜布條部分） 接著襯50×35cm 袋
物用底板28×22cm

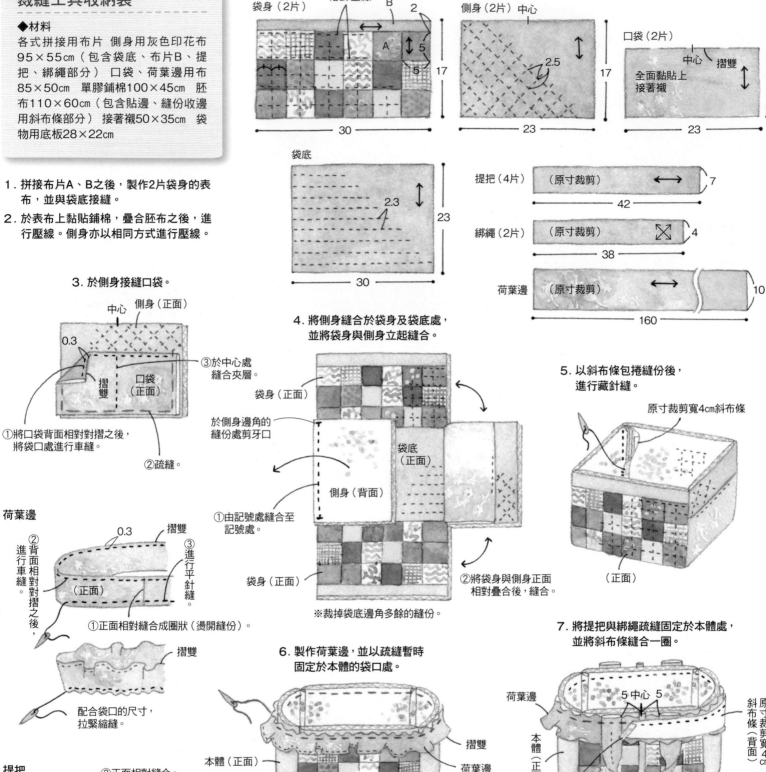

袋身（2片）　落針壓線　B
2
5
5
17
30

側身（2片）中心
2.5
17
23

口袋（2片）
中心　摺雙
全面黏貼上
接著襯
24
23

袋底
2.3
23
30

提把（4片）　（原寸裁剪）　7
42

綁繩（2片）　（原寸裁剪）　4
38

荷葉邊　（原寸裁剪）　10
160

1. 拼接布片A、B之後，製作2片袋身的表
   布，並與袋底接縫。

2. 於表布上黏貼鋪棉，疊合胚布之後，進
   行壓線。側身亦以相同方式進行壓線。

3. 於側身接縫口袋。

中心　側身（正面）
0.3
摺雙　口袋（正面）
③於中心處
縫合夾層。
①將口袋背面相對對摺之後，
將袋口處進行車縫。
②疏縫。

4. 將側身縫合於袋身及袋底處，
   並將袋身與側身立起縫合。

袋身（正面）
於側身邊角的
縫份處剪牙口
袋底（正面）
側身（背面）
①由記號處縫合至
記號處。
袋身（正面）
②將袋身與側身正面
相對疊合後，縫合。

※裁掉袋底邊角多餘的縫份。

5. 以斜布條包捲縫份後，
   進行藏針縫。

原寸裁剪寬4cm斜布條
（正面）

## 荷葉邊

0.3　摺雙
②背面相對對摺之後，進行車縫。
③進行平針縫。
①正面相對縫合成圈狀（燙開縫份）。

摺雙
配合袋口的尺寸，
拉緊縮縫。

6. 製作荷葉邊，並以疏縫暫時
   固定於本體的袋口處。

摺雙
本體（正面）　荷葉邊

7. 將提把與綁繩疏縫固定於本體處，
   並將斜布條縫合一圈。

荷葉邊
5 中心 5
本體（正面）
斜布條
原寸裁剪寬4cm（背面）
邊端摺入1cm後，
疊放。
綁帶　提把

## 提把

②正面相對縫合。
5
（背面）
（正面）
①疊合鋪棉（在針趾邊緣裁剪鋪棉）。

③翻至正面，以熨斗整燙，將中心及兩端進行車縫。

10
④摺疊中心，以藏針縫縫合10cm。（正面）

## 綁繩

1
（正面）
黏貼寬2cm的接著襯，進行
四摺邊之後，進行車縫。

8. 將提把連同荷葉邊一
   併立起，並以斜布條
   包捲縫份後，進行藏
   針縫。

2

## 壁飾&針插墊

### ◆材料

**壁飾** 各式拼接用布片 B～D用布55×35cm E、F用布90×20cm G、H用布110×90cm（包含滾邊部分）鋪棉、胚布各85×110cm

**針插墊** 素色麻布35×20cm 寬1.4cm蕾絲50cm 直徑1.2cm棉花珍珠1顆 手藝填充棉花、25號繡線各適量

### 壁飾的作法順序

拼接布片A至D，並於周圍接縫上布片E至H之後，製作表布→疊合鋪棉與胚布之後，進行壓線→將周圍進行滾邊（參照P.82）。

※壁飾A～D原寸紙型A面⑩。
※針插墊的原寸紙型&刺繡圖案紙型A面⑪。
※以下2種之外的繡法請參照P.95。

※壁飾A～D原寸紙型A面⑩。
※針插墊的原寸紙型&刺繡圖案紙型A面⑪。
※以下2種之外的繡法請參照P.95。

---

**壁飾**

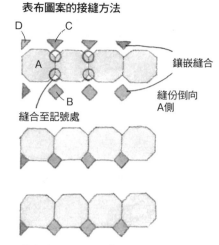

E　1.5cm滾邊　C　D
G　6　2
H
F　60
A　B　2
2　80　84
0.8　6　96
64
76
落針壓線

---

### 表布圖案的接縫方法

D　C
鑲嵌縫合
A
B　縫份倒向A側
縫合至記號處

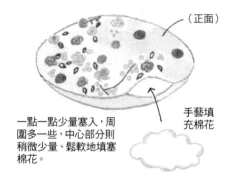

將布片A至D接縫成帶狀布，並以鑲嵌縫合併接帶狀布。

---

## 針插墊

### 1. 裁剪表布，進行刺繡。

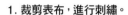
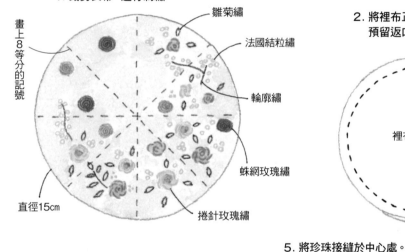

畫上8等分的記號
雛菊繡
法國結粒繡
輪廓繡
蛛網玫瑰繡
直徑15cm
捲針玫瑰繡

### 2. 將裡布正面相對疊合，預留返口縫合周圍。

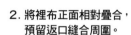

6cm返口
裡布（背面）
表布（正面）

### 3. 翻至正面，塞入填充棉花，返口進行藏針縫。

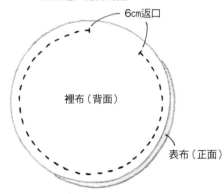

（正面）
手藝填充棉花
一點一點少量塞入，周圍多一些，中心部分則稍微少量、鬆軟地填塞棉花。

---

### 4. 於周圍接縫蕾絲，並以繡線區分成8等分。

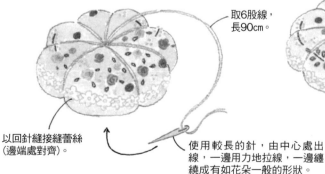

取6股線，長90cm。
以回針縫接縫蕾絲（邊端處對齊）。
使用較長的針，由中心處出線，一邊用力地拉線，一邊纏繞成有如花朵一般的形狀。

### 5. 將珍珠接縫於中心處。

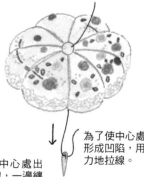

珍珠
為了使中心處形成凹陷，用力地拉線。

---

### 捲針玫瑰繡

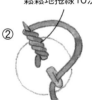

鬆鬆地捲線10次，抽針。

①　3出　1出　2入
②　於針上捲繞繡線
③　4入

④　5出　6入　將中心縫合固定
⑤
⑥　9出　7出　8入

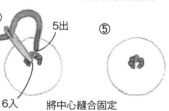

⑦　鬆鬆地捲線10次
⑧　10入
⑨　一邊檢視均衡感，一邊重複步驟⑥至⑧。

---

### 蛛網玫瑰繡

①　呈放射狀繡上5條直針繡
②　1出　上下交替穿過繡線
③　穿過繡線直到隱藏直線繡的程度

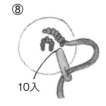

# 想要製作傳承的
## 傳統拼布

連載

本期介紹持續鑽研拼布的有岡由利子老師製作的傳統圖案美式風格拼布。在身處於非常時期的此刻，更讓人想製作懷舊且樸素的拼布。

40

41

## 八芒星

「八芒星」如同其名，就是帶有八個尖角的星星圖案。
因為是簡單的設計，所以很容易與其他圖案組合，
此款拼布則組合了「雪球」圖案。
看起來就像是星星手牽著手一樣。
以咖啡色的同色系進行配色，並於白底部分添加了花朵圖案的壓線。
以1片圖案就能製成的小小圓形裝飾墊，也請一併成組製作。

設計・製作／有岡由利子　壁飾 78×78cm　裝飾墊 直徑22cm　作法P.35

# 拼布的設計解說

讓三角形與中心的正方形圖案更加醒目地進行配色，作為同色系使其呈現出一體化，即可看起來如星星一般閃爍。四個角落的正方形雖為底色，但只要像左側一樣作成印花布圖案，扮演白底與深咖啡色之間連接的角色，就能營造出柔和的印象。

## 組合2種圖案

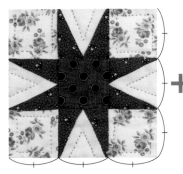 ＋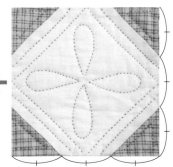

組合2種圖案體驗連續花樣樂趣的設計，是在復古拼布中也有的元素，在這樣的組合裡，也有被命名為圖案名稱的設計作品。將分割為相同等分的所有圖案加以組合是基本方式。刊載作品的每款圖案都是分割成3等分。

## 其他組合範例

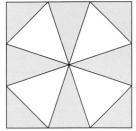

如同將「八芒星」與「萬花筒」進行一體化似的配色，讓星星也成為萬花筒一部分的設計。

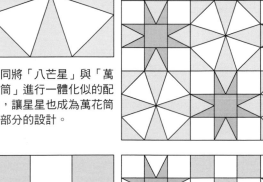

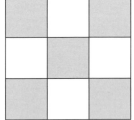

組合「九宮格」圖案，如同「愛爾蘭鎖鍊」一樣，以鎖鍊包圍了星星。

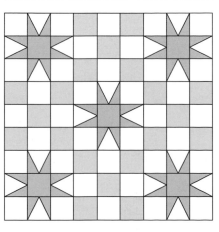

接續至相鄰區塊，進行壓線。

於較大的布片上添加花朵圖案的壓線，並將布片的內側進行壓線後，作成了猶如與相鄰區塊互相連接的模樣。

飾邊的菱格壓線是以分割成3等分圖案的布片為標準添加而成。飾邊的寬幅則為2個格子大小的尺寸。

● 復古拼布中常見的咖啡色印花布

從咖啡色的單色印花布，到運用了2、3色的印花布所使用的1860年代「塊中塊」表布圖案的拼布。無論暖色系或冷色系都容易搭配的咖啡色，也經常見於碎布拼布當中。

於布片A的左右接縫上布片B B'，製作4片星星尖端部分的區塊，並與正方形布片C接縫，製作3條帶狀布後，再加以組合。在此為了避開有厚度的縫份進行縫合，並避免厚度偏向某一側傾倒縫份，因此全部由記號處縫合至記號處。縫合時請注意不要縫成缺角。

● 縫份倒向

● 製圖

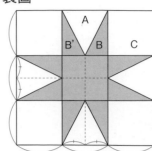

**1** 外加0.7cm縫份後，裁剪布片，分別準備1片布片A，以及布片B、B'各1片。

**2** 將布片A與B正面相對疊合，對齊記號處之後，以珠針固定兩端及中心。

**3** 由記號處開始進行一針回針縫，以平針縫至記號處。止縫點亦進行回針縫。

**4** 縫份一致裁剪成大約0.6cm左右，並倒向布片B側後，再將布片B'正面相對疊合，以珠針固定，由記號處縫合至記號處。縫份倒向布片A側，製作4片此區塊。

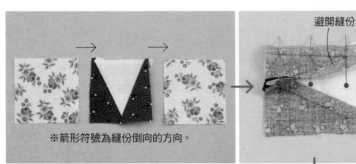

※箭形符號為縫份倒向的方向。

避開縫份

**5** 於步驟4的區塊兩側接縫上布片C。將區塊與布片C正面相對疊合，避開縫份，以珠針固定記號處，並由記號處縫合至記號處。縫份請盡量倒向同一方向。製作2條此一帶狀布。

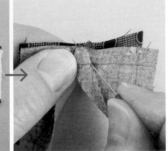

→ 合印記號 ←

**6** 這次則是於布片C的兩側接縫上步驟4的區塊。請於布片C的4邊中心作上記號。將布片C與區塊正面相對疊合後，避免產生缺角地準確對齊中心處，並且避開縫份，以珠針固定。

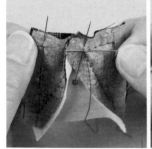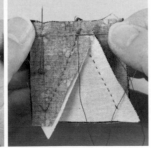

**7** 兩端亦以珠針固定，並由記號處縫合至中心處，再進行一針回針縫（左圖）。於中心處入針，並於布片B'的轉角處出針，再次縫合至記號處。縫份倒向布片C側。

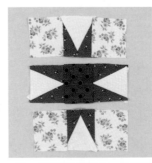

**8** 併接3條帶狀布。為了避免弄錯縫合位置，請先行排列一次加以確認。

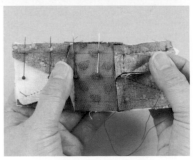

**9** 將2條帶狀布正面相對疊合，並且避開縫份，以珠針固定兩端，接縫處、中心、其間。由記號處開始縫合，並於接縫處依照步驟7的相同方式避開縫份。

## 壁飾 & 裝飾墊

### ●材料

**壁飾** A、D用原色素色布110×35 cm B B'用印花布55×35cm C用原色印花布55×35cm C用咖啡色印花布25×25cm E用印花布55×30cm F用焦茶色印花布110×80cm（包含滾邊部分）鋪棉、胚布各85×85cm

**裝飾墊** 各式拼接用布片 D用焦茶色印花布45×35cm（包含滾邊部分）鋪棉、胚布各25×25cm

### ●作法順序

**壁飾** 拼接布片A至C，製作13片「八芒星」的表布圖案，並製作12片已拼接布片D與E的區塊→製作及併接5片已接替接縫圖案與區塊的帶狀布，並於周圍依照左右上下的順序接縫上布片F後，製作表布→疊合鋪棉與胚布之後，進行壓線→將周圍進行滾邊（參照P.82）。

**裝飾墊** 拼接布片A至C，製作表布圖案，並於周圍接縫布片D，製作表布→疊合鋪棉與胚布之後，進行壓線→將周圍進行滾邊。

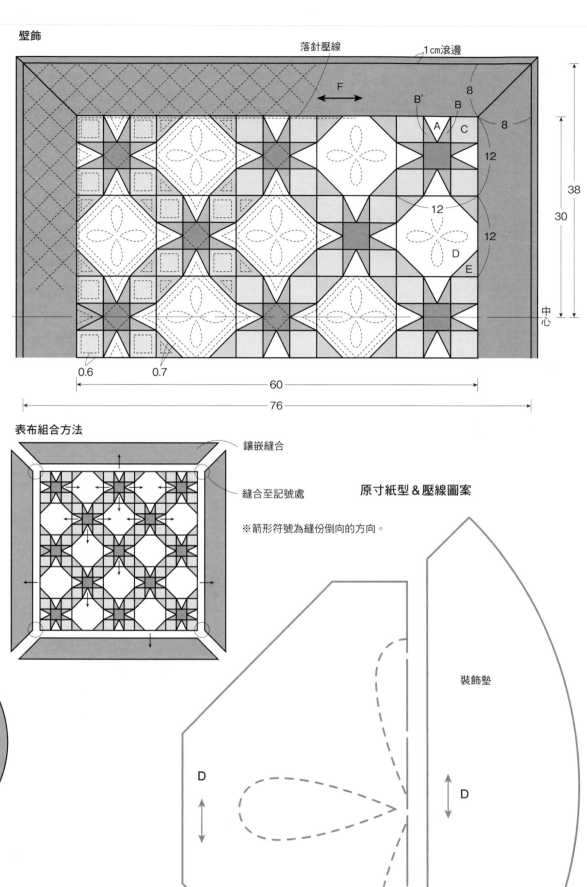

壁飾

落針壓線　1cm滾邊

F

B'　B

A　C

8　8　12　12　12

38　30

中心

0.6　0.7

60

76

表布組合方法

鑲嵌縫合

縫合至記號處

**原寸紙型 & 壓線圖案**

※箭形符號為縫份倒向的方向。

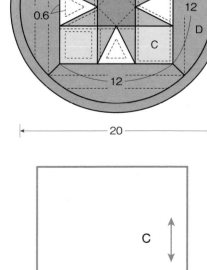

裝飾墊

落針壓線　1cm滾邊

1.5　1

B'　A　B

0.6　12　D

C

12

20

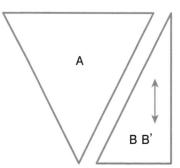

C

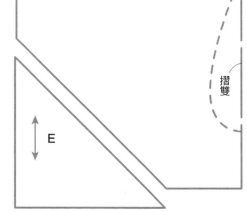

A

B B'

E

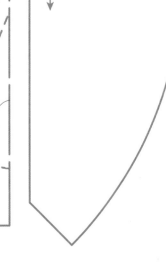

裝飾墊

D　D

摺雙

35

攝影／腰塚良彦　山本和正（作品）

# 彩繪房屋拼布框飾

將收納於框的拼布加以裝飾，
將屋內營造成更美麗的空間吧！
依據顏色、形狀、框架寬度的不同，印象也會隨之改變，
挑選合乎形象的框飾，享受作品製作的樂趣。

活潑生動的布片運用引人注目，將拼接設計收納
於框裡。上方六角形與正方形的連續花樣為了
作出中途截斷的樣子，下方則為了完整收納9片
「夜晚的明星」圖案，進而構成配置。

設計／佐藤尚子
製作／No. 42 山保政代　No. 43 伊藤和子
內徑尺寸24×24cm

作法P.101

*FLAME QUILT*

呈現出魅力十足的傳統圖案。作品No. 44為貼布縫圖案的「田納西玫瑰」。作品No. 45是以石竹花為意象，使用柔和的配色加以組合而成。作品No. 46則是在「萬花筒」圖案上添加布片，當作是小小的風車。作品No. 47為了在對角線上浮現出十字的花樣，因此運用深色將「拼圖」進行配色。

設計／滝下千鶴子
製作／No. 44 滝下千鶴子　　No. 45 岡林史野
　　　No. 46 大石史子　　　No. 47 佐野智子
內徑尺寸16.5×16.5cm
作法P.102

48

令人想裝飾在聖誕季節裡，將
聖誕紅進行貼布縫的框飾。紅
色的花瓣美麗地綻放在淺駝色
的底布上。

設計・製作／信國安城子
內徑尺寸19×19cm
作法P.103

將閃爍著點點星光的冬日街景收納於橫長型的框飾
裡。巨大的聖誕樹上，裝飾著刺繡的霓虹燈飾。

設計・製作／信國安城子
內徑尺寸15×45cm
作法P.103

49

組合了法國結粒繡
與雛菊繡，成為可
愛的裝飾品。

活用心型框，將花籃與花圈的圖案進行貼布縫。點綴於框飾周圍的花形圖案蕾絲則有如彩繪裝飾一般。

設計・製作／南 久美子
內徑尺寸 11.5×16cm
作法P.103

FLAME
QUILT

於圓形布面上以貼布縫縫了花朵的花圈，是將草木染原毛揉圓後作成的花蕊，固定於先染布花瓣上的中心處。素雅兼具熱度的設計，詮釋出屋內帶有溫度的一個角落。

設計・製作／鎌田朋子
內徑尺寸 30×30cm
作法P.102

在散步的途中，
遇見讓人心動的植物，
不如就將它們幻作圖案，
刺繡在美好的記憶中吧！

以「散步」時相遇的野生植物為題，創作各式花樣的可愛花草、昆蟲、小鳥等圖案，是青木和子老師在製作作品時，一邊回味，一邊記錄散步生活的日常樂趣。借由與不同植物的對話，在內心萌發創作初心，將野生花草的獨有風格與生長特色作為靈感，在繡布上作出每一幅如畫的刺繡圖繪，搭配優雅的文字，就像是帶領著讀者，一起悠遊在伴著刺繡與詩意的旅行中，讓人感覺暖心又倍感療癒。本書內附圖案及基礎繡法、工具、材料介紹，邀請喜歡刺繡的您，隨著青木老師的腳步，一同徜徉在布滿香氣及原野芬香的花路上，收集所有因為手作而凝聚而成的美好相遇。

青木和子的刺繡漫步手帖

青木和子◎著
平裝／96頁／19×21cm／彩色＋單色／定價420元

# 美麗框飾的縫製方法

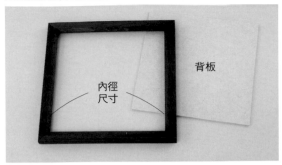

框飾與背板為成組套裝。為了能夠將進行三層壓線，且具有厚度的作品漂亮地收納於框內，因此將溝槽設計得較深。背板也並非是剛好吻合的尺寸，考慮到包覆的分量，因而作得稍小。內附一個可以掛在掛勾處的三角吊環。

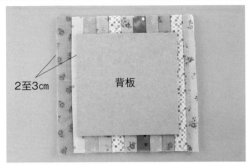

**1** 周圍比背板的尺寸再多預留2至3cm的縫份，進行準備。

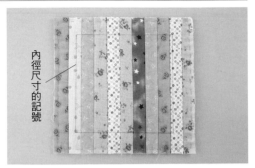

**2** 將部件的周圍進行疏縫，並於正面描繪完成線。

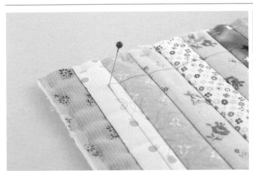

**3** 將珠針垂直刺於記號的四個角落，並於背面描畫上點記號。

**4** 以點記號為基準，置放上背板。如此一來，正面側的花樣就可以不偏不倚地裝入框飾之中。

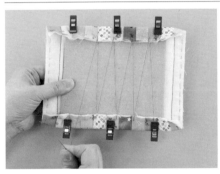

**5** 首先，摺疊上下的縫份，並以強力夾固定。再由邊端開始以針挑縫上下的縫份後，進行渡線。以邊端算起大約1cm處為基準挑縫，並以拉緊縫線的感覺進行。

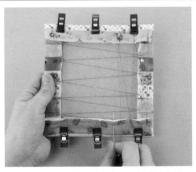

**6** 中途摺疊左右的縫份，接著渡線。不妨使用縫線、壓縫線等個人喜愛的線材。

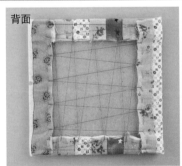

**7** 由於是在將線拉緊的狀態下進行，因此布片呈現繃緊狀態，正面側就會變得整齊美觀。

## 背面的收邊處理方法

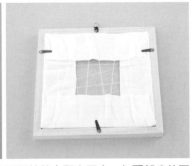

不多預留周圍的縫份，亦可於左右上下側接縫上配布固定。包覆部分的厚度隨之減少，變得更加清爽整齊。

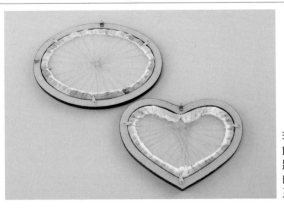

若使用橢圓形及心形框飾，如圖所示，呈放射狀進行渡線。請於心形的凹入部分的縫份處剪牙口。

攝影／腰塚良彦（P.43下方） 山本和正

# 1年份的手作包製作提案

在新的一年，作一個新包包吧！
將平常收集四季變化的花色及素材的布料拿出來，
提著領先於季節的布包出門走走吧！

## 春 Spring

將水藍色與淺灰色為基調的印花布，運
用黃綠色的圖案間格狀長條飾邊進行收
束的托特包。並於區塊間的接縫處，裝
飾緞帶或蕾絲。

設計‧製作／きたむら惠子
27×40cm 作法P.104

53

布料提供／株式會社moda Japan

*Spring*

將水藍色與淺灰色為基調的印花布，運用黃綠色的圖案間格狀長條飾邊進行收束的托特包。並於區塊間的接縫處，裝飾緞帶或蕾絲。

設計・製作／きたむら恵子
27×40cm　作法P.105

54

從春天到夏天

55
56

在棉麻布料上組合粉紅色系的布片，從春天到夏天皆可使用的扁平手提袋＆波奇包。波奇包於底部添加褶襉後，使包包更加圓潤飽滿。

設計／山野辺あみん
製作／小泉昌子
手提袋 26×33cm
波奇包 16.5×22cm
作法P.96

裁剪漸層混染布而成的芒果樹葉圖案，引人注目的托特包。夏威夷拼布的圖案，即使只有一半，也具有強烈的存在感。藏青色的底布搭配白色漆皮的提把，呈現清爽鮮明的感覺。

設計・製作／高橋千春
24.5×50cm　作法P.104

57

袋底非常美麗，沿著圖案進行壓線。

使用的漸層布料／手染OSANAI

集合了清爽的藍色系布片，深具透明感的色調，十分適合夏天。後側接縫拉鍊口袋。

設計・製作／足立美江
25×34.5cm　作法P.109

在藍色系的布料上，添加咖啡色及紅色，成為可以一直使用到秋天的色調。「水手羅盤（Mariner's Compass）」的圓形手提包裡裝入30cm的壓線框。

No. 59　設計・製作／今井慎太郎
直徑40.5cm 作法P.107
No. 60　設計・製作／今井雅子
20×26cm
作法P.95

從夏天到秋天

布料提供／株式會社moda Japan

秋 autumn

以「拼圖」的圖案勾勒典雅色調的
風車，是一款充滿秋意的手提袋。
於上部抽拉數條褶襉，讓袋身更顯
圓潤有型。

設計・製作／本多瑞江
26×32cm　作法P.106

61

以先染布進行配色的柔和色調手提袋與小肩包。
添加於「針插墊」圖案裡的花朵貼布縫，為秋天的
裝束更添華麗感。

設計／吉川欣美琴　製作／星野裕子
手提袋 29×45cm　小肩包 20×23.5cm
作法P.108

62

63

組合羊毛布料與仿毛皮，使外表看起來非常溫暖
的水桶型提袋，是將皮毛的部分與羊毛的部分各
自分開製作後，再以捲針縫加以併接而成。

設計・製作／島野德子
28×31㎝　作法P.100

64

47

# 利用不同素材製作
# 相同設計的手提袋

製成如同籃子形狀的單柄手提包。
分別製作了於義大利製斜紋軟呢上，搭配雅緻印花布
的秋冬用手提袋，以及搭配橘色格紋布更為醒目的春
夏用手提袋。

設計・製作／升田かつら

35×40cm　作法P.110

65

66

將活動勾掛在接縫
於側身的D形環上，
手提袋的形狀就會變成
如圖所示的不同造型。

48

# 歡迎來到オノエ・メグミ的刺繡植物園！

## 超可愛收錄40款人氣花卉植物，滿足花草刺繡迷的手作少女心！

**歐式刺繡基礎教室：
漫步植物園**

オノエ・メグミ◎著
平裝／64頁／21×26cm
彩色＋單色／定價420元

「以歐式刺繡基礎為特色創作的日本超人氣刺繡職人——オノエ・メグミ，豐富表現主題「植物園裡的風景」，收錄各式各樣的花卉、草本植物及童話感的可愛女孩圖案，一展手作人的銀漫創意，猶如帶領著讀者散步在花園裡，自玫瑰園進入，遇見了香草庭園，還有人氣感爆棚的仙人掌造型刺繡，搭配12個月份的花卉等，製成極具生活感＆實用性的刺繡小物，將其裝飾在服裝或配件上，也都是很棒的手作提案；新手就能簡單完成的口金包、胸針、小框飾，オノエ・メグミ老師皆在書中貼心地以全圖解的方式示範，是初學者也能夠製成的入門品項。

本書內附圖案及基礎繡法、工具、材料等詳細介紹，在悠閒的刺繡時間，拿起針線，與オノエ・メグミ老師一同進入歐式刺繡的美麗植物園，自在漫步，與可愛的手作們同遊其中吧！

# 精修壓線進階課

指導／矢沢順子

拼布人最為感到困擾的就屬壓線這門學問。
以頂針指套的使用方法為主,從疏縫的方法進行解說。

工具協力廠商／金龜糸業株式會社 可樂牌Clover株式會社

㊎＝金龜糸業株式會社
㊦＝可樂牌Clover株式會社

## 使用頂針指套縫出美麗的針趾

進行推針、頂針時所使用的指套,是完成美麗壓線作品中不可欠缺的工具。因為有許多不同的種類,所以不妨多方嘗試,挑選適合自己的類型。

**金屬頂針指套**

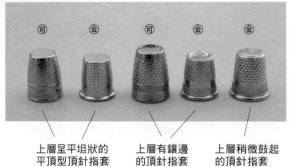

上層呈平坦狀的平頂型頂針指套

上層有鑲邊的頂針指套

上層稍微鼓起的頂針指套

**上層稍微鼓起的頂針指套**

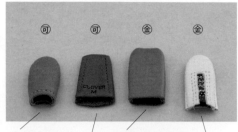

符合手指形狀的3D頂針指套

使用服貼於手指的柔軟皮革製成,頂針部分為雙層皮革。

指尖處沒有縫目的全雙層皮革,具有柔軟的服貼感。

貼於關節的部分內附橡膠,頂針部分為雙層皮革。

**橡皮頂針指套**

從布面上拔針時方便好用的橡膠製頂針指套。可確實抓住縫針。

## 依頂針指套的種類區分進行壓線的方法

**金屬＋金屬**

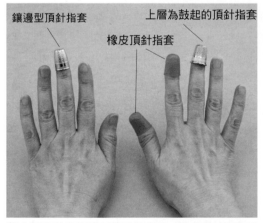

鑲邊型頂針指套

上層為鼓起的頂針指套

橡皮頂針指套

將金屬頂針指套戴在兩手的中指。橡皮頂針指套則戴在慣用手的大拇指與食指上,但也可以僅戴在食指上。

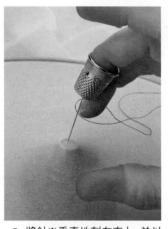

**1** 將針※垂直地刺在布上,並以下方的指套頂針。
※ 使用長度較短的壓線用針。

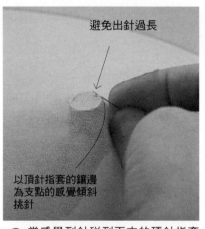

避免出針過長

以頂針指套的鑲邊為支點的感覺傾斜挑針

**2** 當感覺到針碰到下方的頂針指套時,再以下方的頂針指套將針與布往上推,來挑縫布片。待往下出針後,只要立刻往上推,針目就不會過大。

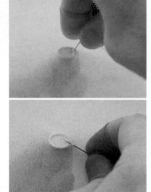

**3** 第2針也是垂直入針後進行挑縫。

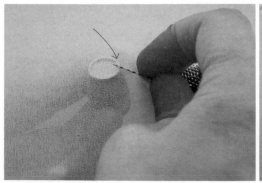

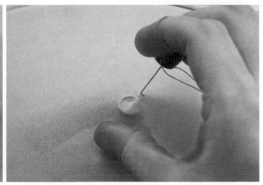

一邊以慣用手的頂針指套推針,一邊像是千斤頂一樣地運針為關鍵。一旦習慣了之後,就可以不太需要以手指抓住壓線用針挑縫布片。在此進行解說的方法為一個例子,因此最好多加重複練習後,掌握右手與左手的動作,學會適合自己的刺繡方式。

**4** 挑2至3、4針。使針隨時維持垂直穿於布面,並於挑針時將出針的長度保持固定,針目即可整齊劃一。即使針目稍大,只要針趾整齊一致,看起來就會整齊美觀。

攝影／腰塚良彥

### 金屬＋皮革

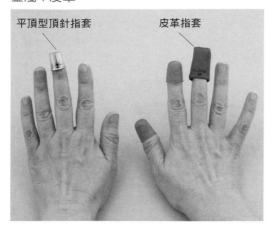

平頂型頂針指套　皮革指套

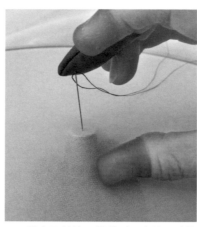

**1** 垂直入針後，當碰到下方的頂針指套時，利用邊緣處作出小山。皮革指套則以指腹部位推針。

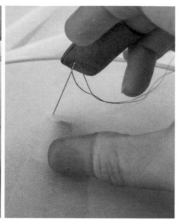

**2** 挑縫小山。第2針亦垂直入針，並依照相同方式挑縫。

### 金屬＋金屬

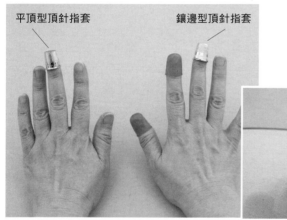

平頂型頂針指套　鑲邊型頂針指套

只要於慣用手戴上鑲邊型頂針指套，針就不易滑落，因此更容易刺針。

### 金屬＋戒指型頂針器

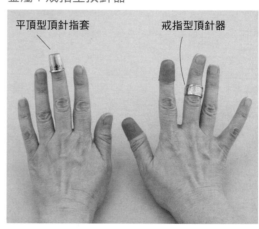

平頂型頂針指套　戒指型頂針器

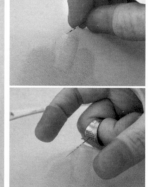

在使用平針縫所使用的頂針戒指時，以大拇指與食指抓住針，並將針頭貼在頂針戒指的小凹槽，再繼續往前推針。

### 各種配合頂針位置的頂針指套

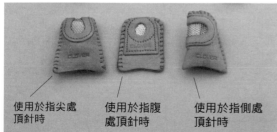

使用於指尖處　使用於指腹　使用於指側處
頂針時　　　處頂針時　　頂針時

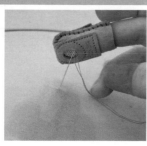

將皮革與金屬頂針指套合為一體化的硬幣式頂針指套。配合頂針位置的3種類型。ⓒ

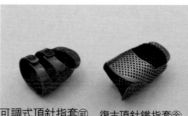

可調式頂針指套ⓒ　復古頂針鐵指套ⓖ

可以調整尺寸的金屬製頂針指套。無論使用指尖或指腹皆可推針。

頂針指套另外也有塑膠製及陶製品，所以不妨挑選最適合自己的頂針器。這是只有推針部分為橡膠的橡皮頂針指套，由於較深的凹槽可確實固定住壓線用針，因此相當實用。

## 起繡&止繡

### 開始刺繡

起繡處

**1** 於起繡位置算起稍遠的地方入針，穿過鋪棉後，再由起繡位置算起一針前的位置出針（左圖）。接著，拉線，將線結拉進其中。

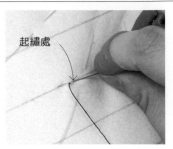

起繡處

**2** 挑針至鋪棉處，進行一針回針縫，拉線。

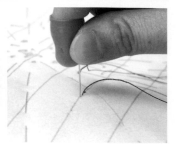

**3** 為了形成與回針縫的針目為同一針目，故將針垂直刺入，挑針至胚布處，開始進行壓線。

### 拉線

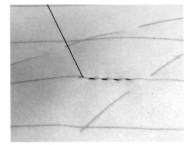

將針抽出，並往正上方拉線。最好拉至表面稍有凹陷，呈現出陰影的程度。

### 結束刺繡

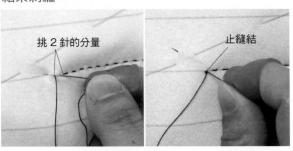

挑2針的分量

止縫結

**1** 為了將一針的分量進行回針縫，故挑2針的分量進行一針回針縫（左圖）。暫時抽出針，作止縫結，並於相同處入針後，再於稍遠處出針（右圖）。

**2** 將線用力拉緊，並將止縫結隱藏於其中，拉線之後，於布面的邊緣剪線。只要與出線方向呈反方向拉線，剪斷的線端就能隱藏於其中。

### 不將止縫結拉入其中的方法

**1** 從稍遠處開始入針後，穿過鋪棉，並於起繡位置算起大約半針的前方出針。

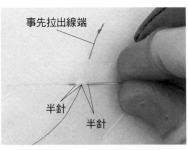

事先拉出線端

半針　半針

**2** 從起繡的位置開始入針，挑一針至鋪棉處，進行回針縫。

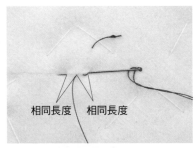

相同長度　相同長度

**3** 再次從起繡處開始入針，挑針至胚布處，進行回針縫。

**4** 由此處開始進行壓線。

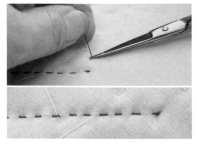

**5** 往前縫了大約10cm後，再於布面的邊緣剪斷露出的線端，進行了2次回針縫，不作止縫結也OK。

### 結束刺繡

半針

**1** 針目大約半針，再挑半針（上圖）。返回一針後，再挑針至胚布處，進行回針縫（下圖）。

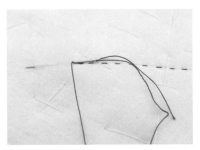

**2** 再次進行半針回針縫，穿過鋪棉，再於稍遠的位置出針，並於布面的邊緣剪斷線端。

### 調整線縫的鬆緊

縫了大約10至15cm，確認線是否拉得太緊，若拉得太緊，請以手指撫平。

## 漂亮壓線的關鍵

為了於弧邊部分作出流暢的線條，因此不要一次縫太多。

轉角處只要將任何一邊縫到邊端，壓線線條就顯清晰，看起來就會漂亮。

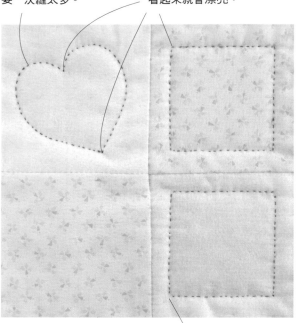

若沒有縫到轉角的邊端，轉角的線條就會顯得模糊不清。

將較厚的部分進行壓線時

請以每針垂直出入針的上下挑針縫方法（一上一下交錯方式）進行縫合。首先，將針垂直刺入後，拉線（左圖）。接著，將針往上垂直刺入（右圖）。縫線稍微用力拉緊，針目就會與無厚度部分的針趾一致。

將厚型布料進行壓線時

最好先行試縫後，確認恰好適合厚度的針目。只要縫一段，就能習慣挑針的感覺。就算是大針目，若針趾整齊，看起來就會漂亮。

針趾一旦被埋在布裡，壓線就變得完全不顯眼了！

上圖是以釘眼車縫絹線將粗糙紡織的羊毛布進行壓線的作品。依據布料材質的不同，壓縫線的針趾會完全被埋入布裡，因此建議使用較粗的線或是繡線。針則使用比壓線用針更長的針。

## 漂亮地描繪壓線線條

若以鉛筆快速地畫上去，在進行壓線期間，很容易會看不見線條。若是以水消筆消失記號的手藝用記號筆，即便在長時間的壓線作業，線條也不會消失，想要消失時又可以馬上消失，非常便利。

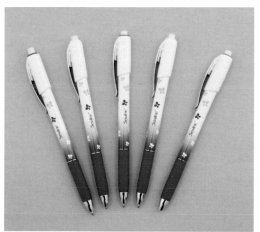

可以描出纖細線條的布用水消自動鉛筆款式。只要使用相對於布來說較為顯眼的顏色描繪記號，即可輕易辨識。由於Sewline布用水消自動鉛筆的筆芯粗為0.9mm，因此不易折斷。書寫的線條用水或專用橡皮擦即可消除。金

亦可使用以摩擦熱來消除記號的摩擦鋼珠筆。待壓線完成後，再以熨斗輕輕整燙消除記號。描繪之前，請務必先於布端處試畫，確認記號是否消失不見。

水性粉土消去筆 可

可用消失筆或水消除的極細藍色水消筆 可

自動水消筆（AIR erasing）金

以專用消去筆消除記號的消失筆（DUO MARKER細）金

DUO MARKER 專用消失筆 金

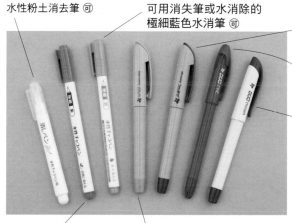

可用消失筆或水消除的極細紫色水消筆 可

水消筆（Styla）金

請使用細字型的手藝用記號筆，因為粗線條容易使針趾偏離。分別有可以將描畫的線條用水或專用消失筆消除記號的水消型，以及時間經過記號自動消失的氣消型。

DUO MARKER為淺顯易見的咖啡色墨水。可使用專用消失筆消除乾淨。由於是滾珠型記號筆，因此線條可描繪得更加流暢。

極細型的水消筆建議可用於描繪纖細的圖案時。即使畫錯，也能以專用消失筆清除乾淨。

## 不會變得鬆散的疏縫方法

**1** 依照胚布、鋪棉、表布的順序疊放，並以珠針固定中心處。由中心往外側，像是將空氣擠出去似的以手撫平。

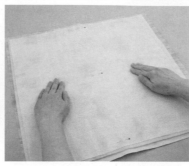

**2** 將左右布端的中心以珠針固定後，再以手撫平上下方向，再以珠針固定布端。轉角處與之間也要固定珠針。

**3** 由中心處開始畫上疏縫線。將針垂直刺入，挑縫三層布。

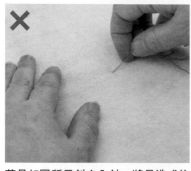

**✕** 若是如圖所示斜向入針，將是造成往後變鬆的原因。

**4** 拉線時，為使三層布能緊密貼合，請務必牢牢地拉線。

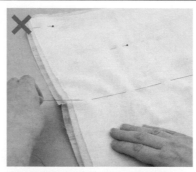

**✕** 請注意不要拉得太緊使布面起皺。

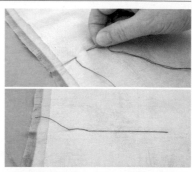

**5** 止縫點進行一針回針縫，可防止三層布移位。

疏縫必須平均地進行。上圖是依照十字→對角線→其間的順序進行疏縫，接著由中心往外側呈漩渦狀進行。其他還有格子狀及放射狀的疏縫。若疏縫過少，將是造成布面歪斜的原因，請仔細地進行疏縫。

## 使用頂針指套進行壓線時不可欠缺的壓線框

壓線框的繃布方法

**1** 將壓線框的內框置放在疏縫布的下方，並套上已旋鬆螺絲的外框後，再將螺絲稍微旋緊。

**2** 以手按壓中心處，使布面下凹，等布面有些鬆弛之後，再將螺絲確實旋緊。

各式各樣的壓線框

**圓形壓線框**
一般的拼布壓線框。
圖左　小型壓線框直徑25cm㊎（直徑25cm・30cm・35cm・40cm・45cm・50cm）
圖右　壓線框㊏（直徑30cm・38cm）

**LH桌上型壓線架（立式壓線框）**
底座較大，亦可放在膝上使用。可以360度旋轉。框架尺寸為直徑35cm。㊎

**LH半圓形壓線框**
使用圓形壓線框難以進行壓線的布邊用壓線框。亦可使用於寬幅較窄的拼布。㊎

以安全別針將拼布的布端固定在橫桿上內附的布條上使用。

進行拼布時的姿勢

將壓線框平行擺放，並用桌子與腹部的力量支撐。往前縫合的方向對身體而言是呈平行進行。

矢沢老師設計的壓線框輔助架。由於可以安裝在桌子邊牢牢地固定，因此更能夠集中於壓線。亦可隨意傾斜拿著壓線框，使用起來相當便利。

將邊端進行壓線時

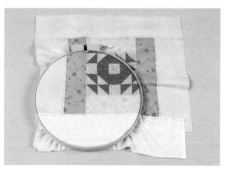

將兩層布片接縫（亦可以安全別針固定）於周圍後，鑲嵌在壓線框裡。

無壓線框進行壓線時

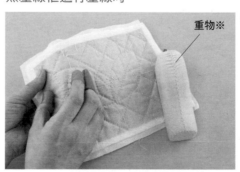

重物※　　※LH魚型文鎮㊎

更加細密地進行疏縫，並使用重物等壓住邊端，使布片呈現撐開的狀態後，進行壓線。

# 用來襯托設計的各種壓線

沿著布片的內側進行壓線

沿著花樣進行壓線

於貼布縫的邊緣進行落針壓線，使表布圖案更加顯眼。

圍繞可愛的花樣進行壓線

於表布圖案的外側，進行如盒子般的壓線，使其呈現立體狀。

# 配色教學

指導／松尾 緑　圖案製作／小林亜希子　笹田恭子　戶野塚千恵
松本栄美子

一邊學習基礎的配色技巧，一邊熟悉拼布特有的配色方法。第15回匯集了滿滿的可愛小碎花印花布，用以解決大家對於配色組合的苦惱。喜歡花朵圖案的您，可千萬不能錯過。

## 活用小碎花圖案，使表布圖案更加顯眼的典雅配色

喜歡可愛的小碎花印花布，因此大量地收集了許多，然而卻對搭配感到苦惱的人肯定不少吧！有時容易變得庸俗，或是易陷入雜亂無章的配色災難中。這就是為什麼要挑戰將小碎花圖案全新改造成洗鍊色彩搭配的配色技巧。

### 利用單調的素色布收斂色彩

#### 將小碎花圖案變身成大人風的配色

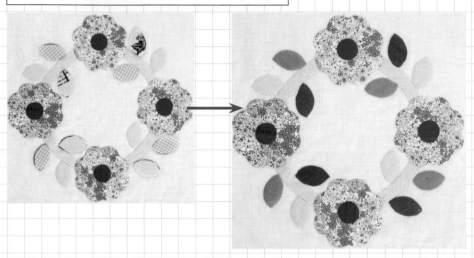

以花朵圖案為主的時候，將背景設定為素色的白底實為基本。雖然葉子及花莖只要挑選接近素色的布，就會顯得流暢而柔和，但左圖作品看起來卻略顯孩子氣的感覺，因此當特意加入灰色調的葉子，就能營造出成熟穩重的氛圍。（花圈）

### 從圖案中的咖啡色衍生成灰色

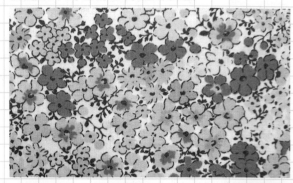

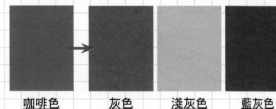

| 咖啡色 | 灰色 | 淺灰色 | 藍灰色 |

挑選與咖啡色色調相搭，帶有暖色調的炭灰色，並且組合淺灰色及帶點兒灰色調的藍色，享受微妙色差的樂趣。

#### 以質地不同的素色布進行配置

集結許多黃色系的小碎花印花布，並以深色的炭灰色將配色進行統整收束。各處配置上質地不同的深色燈芯絨，以期在光的調節上作出變化。（金字塔）

### 改變質感帶來無窮的樂趣

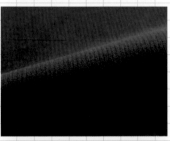

雖然是拼布上不常使用的燈芯絨，卻可以為素布的單調感帶來有趣的變化。

### 使用3種印花布

黃色　　　　　　灰色

黃色＋灰色

添加於黃色的印花布上，挑選灰色系的印花布。儘管如此，還是顯得有種格格不入的感覺，因此添加了在黃色上帶有灰色調的印花布，扮演2色之間連接的角色。

# 注意顏色深淺與花紋的疏密

## 嘗試改變劃分範圍

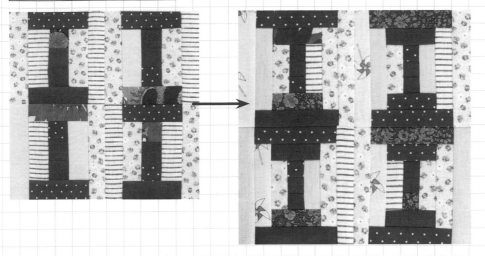

### 利用花樣的大小及疏密製造變化

由於左圖中的表布圖案僅為大花樣與小花紋，因此補足了中間的花樣，提升豐富的層次。

由於左圖多為花樣密集的印花布，因此添加了小花菱紋，呈現節奏感。

透過在色彩明暗上作出差異的方式，讓圖案名稱中的階梯更加清楚地呈現。左圖為劃分成5等分製作的模樣，稍嫌不夠清晰明確，因此製作成如右圖所示的7等分。（法院的階梯）

---

## 使用 3 種多色印花布

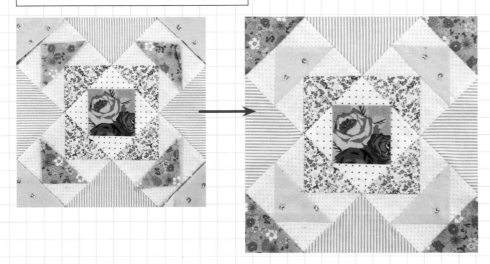

### 素色布感的布

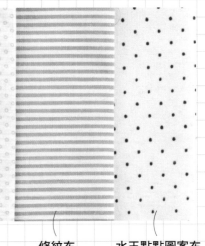

小碎花布　　　條紋布　　　水玉點點圖案布

使用多種色彩運用的花朵圖案印花布時，請意識到大花朵圖案、中型花樣、小碎花與圖案大小的不同。左圖透過將深色布配置在外側的方式，將整體統整收束。（蔓薔薇）

小碎花、細緻的水玉點點以及纖細的條紋布，都是能夠以素色感使用的便利型布。為了襯托出主要的小碎花圖案，不妨事先多備齊幾種。

### 判斷深淺的順序

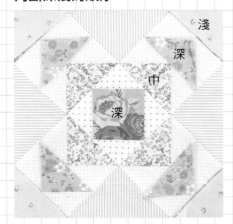 

根據要將深色配置在哪個方位，圖案賦予的印象也會截然不同。若將中心配置上深色，外側配置上淺色，則會營造出往外延伸擴展的感覺。若將外側配置上深色，表示圖案的結束，即便是1片也能展現魄力。需要併接多少圖案，或是添加圖案間的格狀長條，都請依自己想要完成的構想，加以判斷喔！

# 權衡主角與配角

## 容易搭配的顏色與花樣

在運用大量碎花圖樣的布片上，非常合適的圖案。為了凸顯單一花朵，因此於花朵的周圍挑選葉子概念的綠色。從遠處看起來，宛如素色布般的細緻格紋棉布，可在不干擾碎花圖樣的條件下，完成清爽俐落的作品。（祖母的花園）

## 考量關連性選擇布片

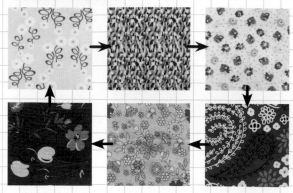

只要選好了一片布，再一邊挑出當中的某一個顏色，一邊選取下一片布，使整體具有一致性。最後再回歸到原本的色彩。

## 將彩度進行統一

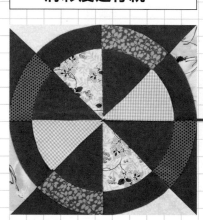
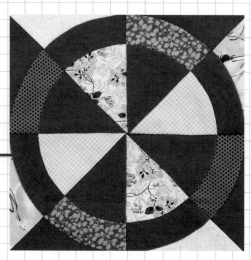

透過將色彩深淺進行交替配置的作法，使水車看起來就像是在旋轉一樣的圖案。添加了比色彩飽和度高的綠色，更顯安定的灰色調藍色，縫製成充滿大人風格的作品。（水車）

## 關於彩度

高 ➡ 低

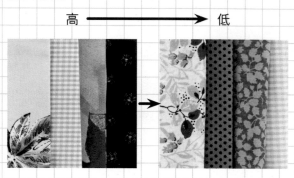

左圖屬於高彩度的布，如右圖般混合較多灰色調的色彩，則為低彩度的布。想要進行安定沈穩的配色時，可運用彩度低的布加以統一。

## 減少色彩數量予以簡單化

圖案僅以藍色的深淺構成，只添加了強調色的黃色。由於色彩深淺鮮明的配色，看起來較為俐落，因此左圖中間色的水藍色則變成了白底的感覺。（拼圖）

## 英文字樣印花布的活用方法

添加較多的素色布部分裁布。若是如上圖所示，英文字樣全面出現，視線就會不自覺地移到那上面，配置成無意瞥見的感覺尤佳。

# 以多種花色為主構成

## 試著在背景上玩出趣味性

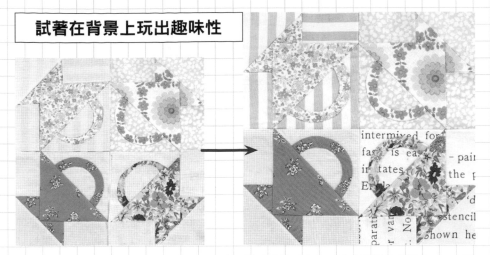

表布圖案的花朵圖樣印花布，一方面在色彩深淺及花樣疏密上，作出不同的差異度，一方面又以藍色系進行了統整收束。雖然底色在左圖中的灰色小碎花布屬於安全配色，但若是改變背景布的花紋模樣，製作成4種，就能讓自己往更高一級的拼布看齊。（郵票籃子）

## 作為主要選擇的多色印花布

| 深淺 | 疏密 |
| --- | --- |

先從主要的多種花色中挑出藍色，接著再選擇有深淺差異的藍色，以及在疏密上作出差別度的藍色。

## 進行色調統一的配色

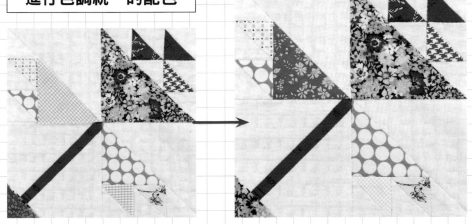

由於表布圖案的所有布片幾乎都是不相鄰的圖案，因此並不需要那麼講究於布片的配置問題。右圖配合主要的花朵圖案色調，就連葉子也選擇了大人風格的典雅色彩。（英國長春藤）

## 從主要的花紋挑選

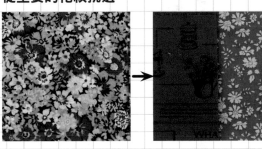

主要是帶有紫色調的粉紅色～紫色～水藍色～黃色，以及添加了各種不同色彩的布片。選為配色的布片，也是挑選了不過度可愛的酒紅色系粉紅色，與沈穩雅緻的藍色。

## 改變花紋的樣子體驗配色的樂趣

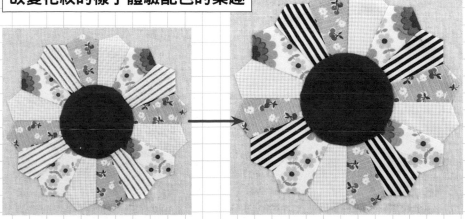

選擇對花朵圖案顯得尖銳的條紋布與格紋布，並利用花紋模樣的差異襯托出花朵圖案的清晰度。雖然左圖也是可愛的配色，但透過將條紋改粗的方式，營造出更為摩登的印象。（德勒斯登圓盤）

## 控制色彩數量

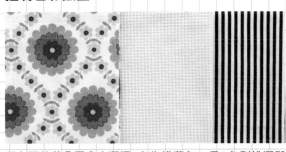

從主要的花朵圖案中選擇1色為淺藍色。另1色則挑選與圖案中心的圓一樣的深咖啡色條紋布，透過不增加色彩數量的方式，作出清爽感。

# 拼接教室

攝影／腰塚良彥　山本和正

## 特倫頓

圖案難易度

「特倫頓」意指位於美國新澤西州的一個都市名。製作4片為凸顯出檸檬形布片及被包夾於其間之布片更加醒目，進而配色的區塊，並使圖案面對面地排列進行併接。中心處呈現出宛如橘子皮一樣的圓形模樣。即便是1片圖案，看起來也相當有趣，只要大量併接圖案，就能表現圓形與正方形的模樣。

指導／小林美弥子

### 使休閒時間變得熱鬧喧騰的桌飾

將檸檬形布片作為布片運用，並將底色、飾邊、滾邊統一成相同的咖啡色素色布，自然而然地進行整合。使用與布片相同的檸檬形壓線線條，襯托圖案的立體鮮明。

設計／小林美弥子　製作／神津和子　26.5×60.5cm
作法P.63

67

詳細解說
製作步驟

## 時尚托特包

縱向並排一個圖案區塊。檸檬形布片是以布面上有色彩繽紛鈕釦圖案與相同色彩的零碼布片裁成，以紅色×黑色彙整出優雅時尚感。

設計・製作／小林美弥子　30×36㎝
作法P.98

以2顆鈕釦由袋口的內、外側夾縫固定提把。

# 區塊的縫法

拼接A＆B、C＆D布片，分別完成2個小區塊，接縫成4個正方形大區塊，彙整成圖案。接縫正方形大區塊時，對齊檸檬形布片的角上部位後，以珠針確實地固定。接縫後縫份出現厚度，請避開縫份，由記號縫至記號。

＊縫份倒向

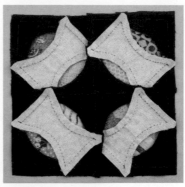

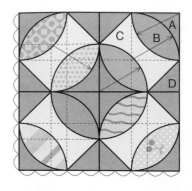

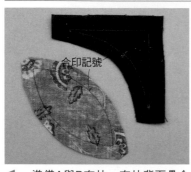

**1** 準備A與B布片。布片背面疊合紙型，以2B鉛筆等作記號，預留縫份0.7cm，進行裁布。在深色布上作記號時，建議使用白色筆。

※固定珠針的順序。

**2** B布片在上，正面相對疊合A布片，對齊記號，先固定角上與中心，再固定兩者間，以珠針依序固定。由記號至中心，進行平針縫，以珠針固定另一邊，縫至記號為止。縫份整齊修剪成0.6cm，一起倒向B布片側。

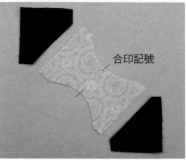

**3** 準備C布片與2片D布片，C布片角上接縫D布片。正面相對疊合布片，對齊記號，以珠針固定，由記號縫至記號。縫份一起倒向D布片側。

**4** 接縫步驟2的2個小區塊與步驟3的小區塊。

**5** 將步驟2正面相對疊合步驟3的小區塊，以珠針固定角上與中心的合印記號、兩者間。固定角上部位時避開縫份。由記號縫至中心後，以相同方法固定另一邊，縫至記號為止。以相同方法接縫另1個小區塊。

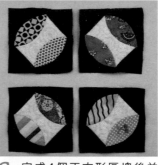

**6** 完成4個正方形區塊後並排。留意方向，避免弄錯。接縫左、右區塊，完成2個帶狀區塊。

**7** 正面相對疊合區塊，對齊記號，以珠針固定兩端、接縫處、兩者間。固定接縫處時，避開縫份，一邊看著正面一邊穿入珠針，確實地固定。

**8** 由布端開始進行接縫，接縫處進行一針回針縫。

**9** 避開縫份，縫針由下一邊的角上穿出。縫至布端為止。

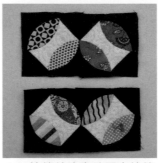

**10** 接縫前確實地固定接縫處，因此完成檸檬布片角上部位確實對齊的漂亮區塊。接縫成帶狀區塊。

**11** 正面相對疊合，對齊記號，以珠針固定兩端、中心、接縫處、兩者間。由布端開始進行接縫，縫至接縫處時，如同步驟8、9作法，避開縫份。縫中心的接縫處時，不避開縫份，直接縫至布端為止。

# P.60 桌飾

●材料

各式拼接用布片 E、F用布 65×60cm（包含A、D、滾邊部分） 鋪棉、胚布各65×30cm。

原寸紙型&
原寸壓線圖案

合印記號

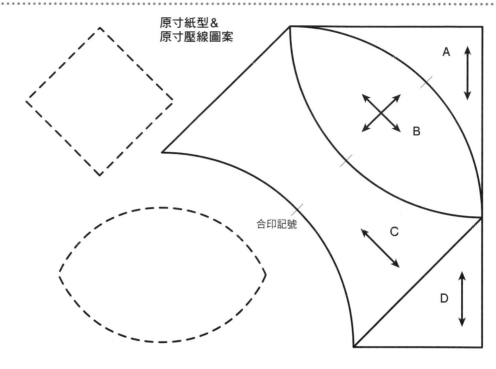

0.8cm滾邊

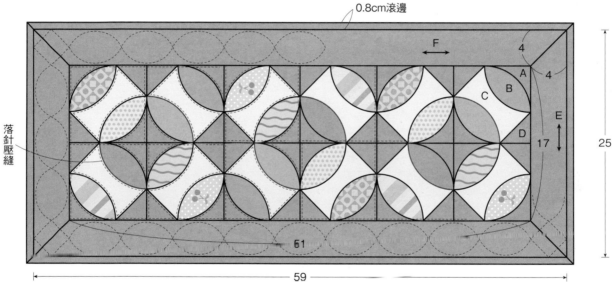

落針壓縫

F
4
A
4
B
C
D
E
17
25
61
59

1 | 接縫圖案，完成區塊。

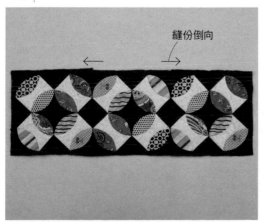

縫份倒向

準備3片圖案，正面相對疊合，由布端縫至布端。如同P.62的區塊縫法，接縫圖案時避開縫份，縫份一起倒向外側。

2 | 縫製邊條。

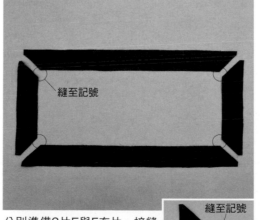

縫至記號

分別準備2片E與F布片，接縫成畫框狀。正面相對疊合E與F布片，以珠針固定，由外側布端縫至內側布端為止。

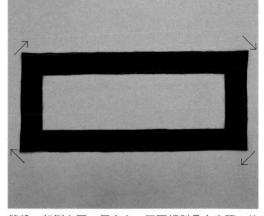

縫至記號

縫份一起倒向同一個方向。正面相對疊合步驟1的區塊，進行鑲嵌拼縫。

## 3 | 接縫區塊與邊飾。

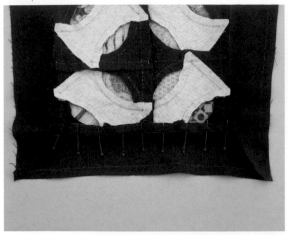

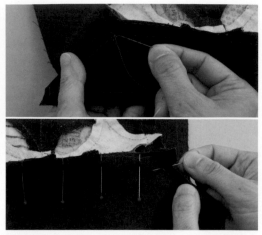

正面相對疊合邊飾與區塊，一邊一邊地進行接縫。避開縫份，確實地對齊角上部位，以珠針固定。避免布片缺角，固定時需留意。

由記號開始接縫。進行一針回針縫後依序接縫，接縫縫份較厚部分時，縫針垂直穿入穿出，以上下穿縫法完成接縫。

縫至角上記號後，進行一針回針縫。以珠針固定下一邊後，縫針由下一邊的角上穿入，依序接縫。縫針依序穿入另外3邊的角上部位，以相同作法完成接縫。

## 4 | 描畫壓縫線。

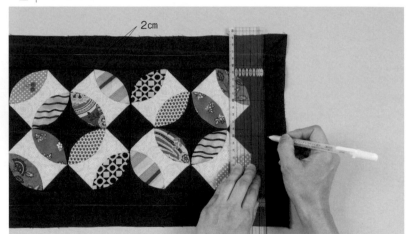

2cm

外側布片不缺角，完成漂亮接縫。縫份倒向邊飾側，以熨斗整燙。

對齊邊飾的接縫處，擺好印著平行線的定規尺，在邊飾上描畫壓縫線的中心線。描畫中心線是作為導引線，因此使用熨燙就看不出線跡的消失筆。

## 5 | 進行疏縫。

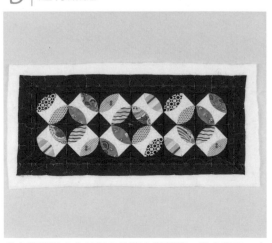

先在圖案上作三等分記號。接著疊合紙型，以消失筆描畫記號。

四個角上部位分別疊放正方形紙型，描畫記號。便能描畫出均等漂亮的線條。

疊合裁剪尺寸大於表布的胚布與鋪棉，疊合表布。由中心朝向外側，以十字→對角線→方格狀順序，依序完成疏縫。

## 6 │ 進行壓線。

由中心朝著外側進行壓線。慣用手中指套上頂針器，一邊推壓縫針一邊挑縫3層，完成整齊漂亮針目。完成壓線後，擺好定規尺，沿著周圍描畫完成線。

## 7 │ 周圍縫合斜布條。

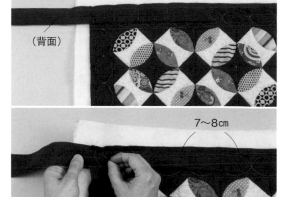

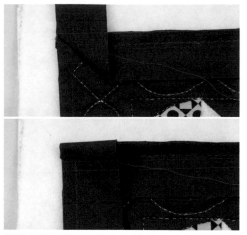

準備原寸裁剪成寬3.5cm的斜布條，沿著背面邊緣0.8cm處描畫記號。對齊完成線與斜布條的記號，以珠針固定。由斜布條端部內側7至8cm處開始縫合，縫至角上記號後，進行一針回針縫。

暫休針後，將斜布條往上摺成45度。沿著記號邊緣確實地摺疊，摺疊後，與下一邊平行（上）。沿著下一邊摺疊斜布條（下）。完成角上褶襉。

將下一邊對齊記號，以珠針固定。縫針由記號處穿出後依序縫合。以相同作法依序縫合另外3邊。

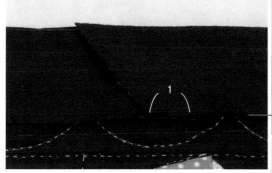

縫合一整圈後，重疊斜布條起點約1cm，裁掉多餘部分（上）。正面相對疊合斜布條，以珠針固定，沿著布端0.5cm位置，由端部縫至端部（右上）。縫份倒向同一側，對齊記號，完成後續縫合（右下）。

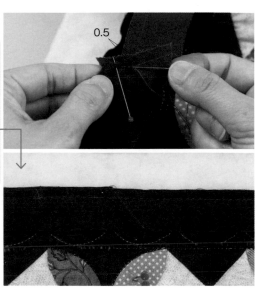

## 8 │ 以斜布條包覆處理縫份。

沿著斜布條邊端，修剪多餘的胚布與鋪棉。

將斜布條翻向正面，包覆縫份後，以珠針固定。以斜布條的縫合針目為大致基準，進行藏針縫，完成寬度均一漂亮的滾邊。縫至角上部位後，暫休針。

作法相同，先以斜布條包覆下一邊，以珠針固定後，進行藏針縫。處理角上部位，摺疊斜布條，重疊後調整成45度，挑縫1針固定重疊部分。

# 拼接教室

攝影／腰塚良彥　山本和正

## 雪球

| 圖案難易度 |

圖案名為「雪球」，曲線部位較多，八角形與星狀區塊組合而成的連續圖案設計。配色時突顯區塊，使圖案具有某種程度的規則性，再以布片的顏色與花樣形成差異，完成的圖案顯得更加生動活潑。

指導／西山幸子

69

糖果般的甜美色彩，在寒冬季節，
使屋裡更加明亮的壁飾

以零碼布片進行裁布完成區塊，再以白色布片為底襯托區塊，完成配色清新舒爽的壁飾。區塊分別接縫2片紅色條紋布片，彙整各花色印花布充滿協調美感。

製作／西山幸子　64.5×64.5cm　作法P.97

詳細解說
製作步驟

70

## 特色鮮明耀眼的印花布托特包

圖案的底色部分使用大花圖案印花布，以素布完成雙色區塊。以黃色與紫色對比色布片組合成區塊而格外耀眼，搭配大花圖案也很突出。很適合襯托灰、黑等素雅穿著，大尺寸的包包，當作學習包使用，十分便利。

設計・製作／西山幸子　　37.5×36cm

作法P.69

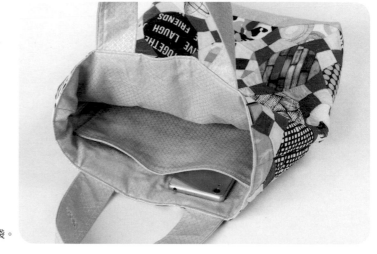

裡袋組合內口袋。

# 區塊的縫法

拼接4片A布片，完成4個星形區塊，分別接縫B、D布片完成1個大區塊，接縫C、D布片完成2個大區塊，進行鑲嵌拼縫，彙整成圖案。鑲嵌拼縫部分縫至記號，避開縫份。星形區塊接縫B至D布片時，先並排確認，以免弄錯接縫位置。

※縫份倒向

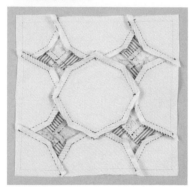

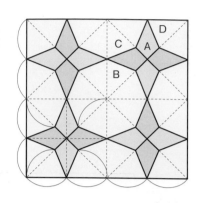

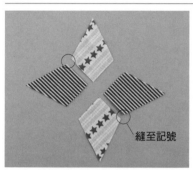

**1** 準備4片A布片。布片背面疊合紙型，以2B鉛筆或手藝用筆等作記號，預留縫份0.7㎝，進行裁布。

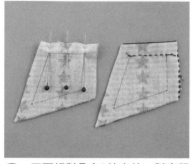

**2** 正面相對疊合2片布片，對齊記號，以珠針固定兩端與中心。由布端開始拼接，進行一針回針縫後，進行平針縫，縫至記號，進行一針回針縫。

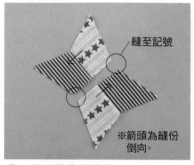

**3** 縫份整齊修剪成0.6㎝左右，沿著縫合針目摺疊後，倒向其中一側，完成小區塊。2個小區塊縫份交互倒向不同側。

※箭頭為縫份倒向。

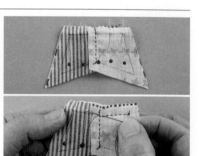

**4** 正面相對疊合2個小區塊，對齊記號，以珠針固定兩端、接縫處、兩者間。由記號開始接縫，接縫處進行一針回針縫，縫至記號為止。

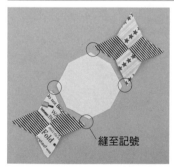

**5** 決定縫份倒向後，倒向其中一側。完成4個星形區塊，2個星形區塊之間進行鑲嵌拼縫，拼縫B布片。

**6** 正面相對疊合星形區塊與B布片，對齊1邊的記號，以珠針固定（左）。避開縫份。由記號開始縫至角上的記號後，進行一針回針縫（中）。暫休針，以珠針固定下一邊，縫針由角上記號穿入後，由下一邊的角上穿出，縫至記號為止（右）。

**7** 以相同作法拼縫另1個星形區塊，縫份倒向星形區塊側。接著拼縫D布片，如同步驟6作法進行鑲嵌拼縫（由布端縫至布端），縫份倒向星形區塊側。

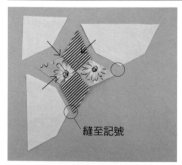

**8** 星形區塊進行鑲嵌拼縫，依序拼縫2片C布片、1片D布片。先並排確認，以免弄錯拼縫位置。此區塊共完成2片。

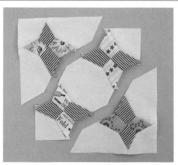

**9** 步驟7與8的區塊進行鑲嵌拼縫，縫成正方形。

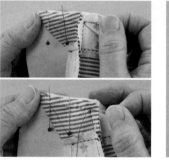

**10** 正面相對疊合區塊，分別對齊1個凸邊與凹邊，以珠針固定，由布端縫至布端。避開接縫處的縫份，接縫處重疊部分進行一針回針縫。縫份倒向星形區塊側。

接縫多個區塊時

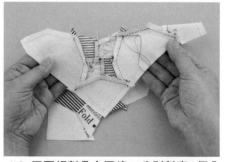

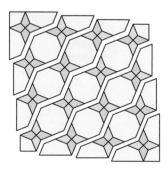

A的星形區塊與B至D布片先接縫成帶狀，再進行鑲嵌拼縫，彙整成圖案。僅角上部位的4片為D布片。

68

●材料

各式拼接用布片 A用紫色、黃色素布各55×30cm E用布
90×90cm（包含提把、裡袋、內口袋部分） 單膠鋪棉
90×40cm 厚接著襯（布用類型）45×20cm
※A至D布片原寸紙型A面⑱。

提把（2片）（原寸裁剪）

背面黏貼原寸裁剪的接著襯

9

18

43

裡袋（2片）

中心

4.5　0.7

內口袋（僅1片）　隔層

15

25　脇邊

42

脇邊　脇邊

36

側身的縫法

（背面）　脇邊

9

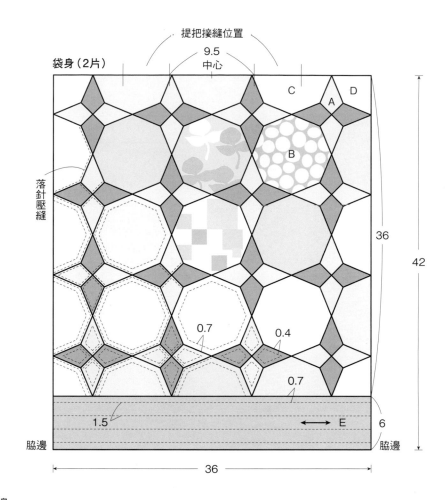

提把接縫位置
9.5
中心

袋身（2片）

C　D
A

B

落針壓縫

36

42

0.7　0.4

0.7

1.5　E　6

脇邊　脇邊

36

---

## 1 製作側面表布。

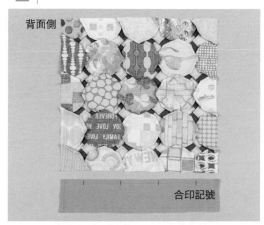

背面側

合印記號

拼接A至D布片，如同P.68作法彙整成圖案（上部）。依圖示處理縫份倒向。下部接縫E布片，E布片長邊作記號，標出拼接A布片角上部位的合印記號。

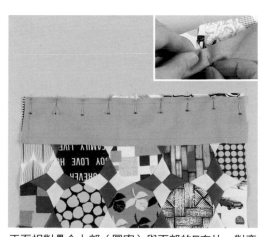

正面相對疊合上部（圖案）與下部的E布片，對齊記號，以珠針依序固定兩端、合印記號、兩者間。固定合印記號時，一邊看著正面一邊將縫針穿入A布片角上部位。

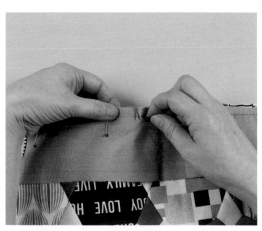

沿著記號進行縫合。進行車縫亦可。縫份一起倒向E布片側。

## 2 │ 黏貼鋪棉。

對齊表布背面的記號，疊合原寸裁剪的單膠鋪棉，避免錯開位置，以珠針※固定。熨斗調成中溫，由正面進行壓燙，1處約8秒鐘，促使黏合。
※使用頭部為玻璃材質的珠針。

## 3 │ 描畫壓縫線。

以畫線後線跡會消失的手藝用消失筆※與定規尺描畫壓縫線。B至D布片沿著內側0.7cm處畫線。使用印著0.7cm等距平行線的定規尺更加便利。A布片不畫線。
※經過熨燙，線跡就不容易消失，因此於熨燙後畫線。

## 4 │ 進行壓線。

目測壓線位置，沿著A布片內側約0.4cm處進行壓線。慣用手中指套上頂針器，一邊推壓縫針一邊挑縫2、3針，更容易完成整齊漂亮的針目。

## 5 │ 下部的E布片進行車縫壓線。

必須壓縫較長直線，因此E布片進行車縫完成壓線。以布片同色系車縫線，沿著記號，仔細地車縫。

## 6 │ 製作提把。

布片背面中心疊合厚接著襯，以熨斗確實地燙黏。

接著襯

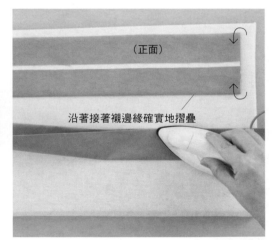

（正面）

沿著接著襯邊緣確實地摺疊

沿著接著襯，反摺布片，以熨斗壓燙。沿著接著襯邊緣確實地摺疊，將布片處理得十分平整服貼，再對摺壓燙。

## 7 │ 裡袋組合內口袋。

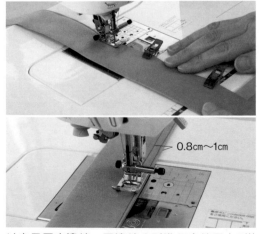

0.8cm～1cm

以夾子固定邊端，兩邊端分別進行車縫壓上2道線。依序車縫布端、內側，進行內側壓線時，善加利用縫紉機壓布腳，完成更加整齊漂亮的壓線。

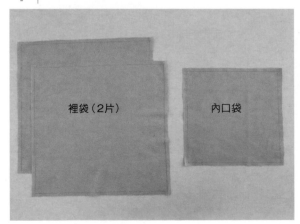

裡袋（2片）　　內口袋

準備2片裡袋與內口袋用布。

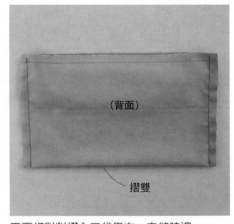

（背面）

摺雙

正面相對對摺內口袋用布，車縫脇邊。

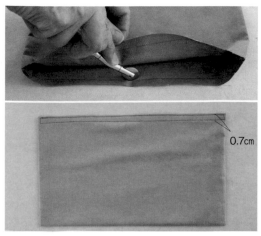

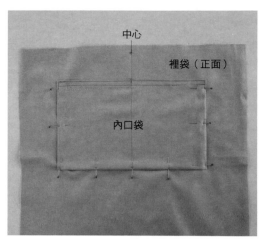

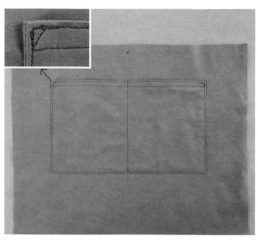

翻向正面，進行壓燙，沿著袋口的記號，以圓盤狀點線器滾壓出褶痕。摺疊袋口縫份，壓燙後，進行車縫。

對齊裡袋中心，疊合內口袋，以珠針固定。

進行C字形車縫固定。袋口角上部位依圖示縫成三角形更加牢固。中心的隔層線亦進行車縫。

---

## 8 | 備齊構成托特包的必要部分。

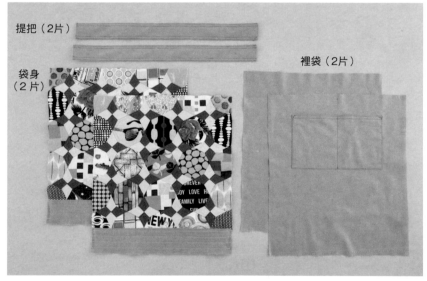

完成袋身、裡袋、提把。僅1片裡袋組合內口袋。

## 9 | 提把暫時固定於袋身。

袋身的袋口部位作記號，標出提把的接縫位置，疊合提把，超出袋口記號約1.5cm，以疏縫線暫時固定。

---

## 10 | 縫合袋身與裡袋。

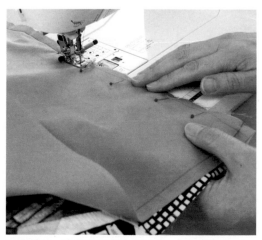

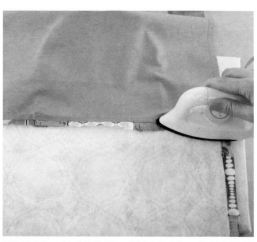

正面相對疊合袋身與裡袋，暫時固定袋口。袋身的鋪棉邊緣對齊裡袋的記號，以珠針固定。

車縫袋口。車縫靠近時取下珠針，提把部分較厚，慢慢地車縫。

燙開縫份。完成此步驟，翻向正面後，袋口部位更加漂亮。

## 11 縫合袋身・2片裡袋。

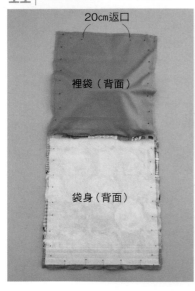

20cm返口

裡袋（背面）

袋身（背面）

另1片也以相同作法完成製作，裡袋與袋身打開狀態下，疊合2片袋身、裡袋，對齊記號，以珠針固定周圍。進行固定以免袋口接縫處錯開，固定袋身時，一邊看著正面一邊確實地對齊A布片的角上部位。

返口

裡袋的袋底預留返口後，車縫周圍。沿著鋪棉邊緣仔細地車縫袋身。

## 12 縫合袋身與裡袋的側身。

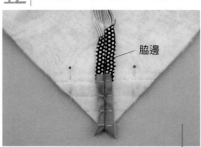

脇邊

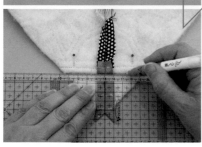

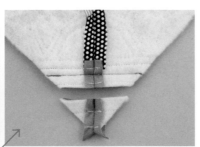

燙開袋身脇邊的縫份，使縫份位於中心，齊平摺疊下部，以珠針固定。擺好定規尺，作記號標出寬9cm位置。沿著記號進行車縫後，裁掉多餘部分。裡袋也以相同作法完成縫製。

## 13 翻向正面。

由返口拉出袋身，翻向正面。

## 14 車縫袋口。

將裡袋放入其中，摺疊袋口，以夾子固定。

縫紉機切換成自由臂模式，沿著袋口內側0.3至0.4cm處進行車縫。

## 15 縫合返口即完成托特包。

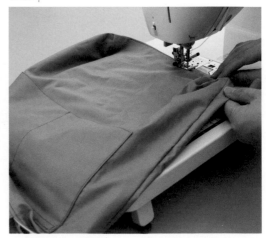

摺疊縫份，車縫布端，縫合裡袋的返口。手縫時，以藏針縫縫合返口。

# 拼布小建議

本期登場的老師們，
為您介紹不可不知的實用製作訣竅，
可應用於各種作品，大大提昇完成度。

協力／川嶋ひろみ（車縫紙樣拼接法）　島野德了（皮草的處理方法）

## 車縫紙樣拼接法

P.27迷你壁飾，即是將布片縫合固定於台紙後完成。複雜細緻的設計，採用車縫紙樣拼接法，就能迅速漂亮地完成作品。

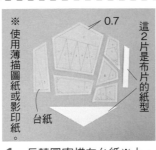

※ 使用薄描圖紙或影印紙。

0.7
這2片是布片的紙型
台紙

**1** 反轉圖案描在台紙※上，同時寫上縫合順序。此設計分成6張台紙，其中只有2片是布片的紙型。

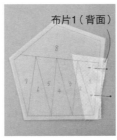

布片1（背面）
布片2（正面）

**2** 台紙背面疊合大致裁剪尺寸※的布片1，由台紙側，以珠針進行固定後，正面相對疊合布片2，再以珠針重新固定。
※長方形布片，不必擔心翻向正面後，布片尺寸不足。

縫至距離邊端0.5cm為止。
0.5cm

**3** 沿著布片1與布片2之間的線，由台紙側進行車縫。以0.2cm左右的針距車縫，車縫起點與終點不需進行回針縫。

**4** 沿著縫合針目摺疊台紙，縫份修剪成0.5cm左右。將布片翻向正面，沿著縫合針目邊緣摺疊，以滾輪骨筆滾壓。

布片3（背面）

**5** 布片3以後的布片，也以相同作法依序完成車縫。車縫所有布片後模樣。

**6** 沿著台紙裁掉多餘部分。以車縫紙樣拼接法接縫尖角布片，完成漂亮的圖案設計。

**7** 其他台紙也以相同作法車縫布片，沿著台紙裁掉多餘部分。角上布片★裁大一點，以免翻向正面後，布片尺寸不足，並縫合台紙。

**8** 正面相對疊合台紙，對齊記號，以珠針固定。進行車縫，由布端縫至布端。車縫靠近時取下珠針。

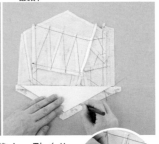

**9** 2片布片疊合紙型後裁大一點（此階段背面不作記號）。正面相對進行縫合後翻向正面，背面疊合布片後作記號，預留縫份，裁掉多餘部分。最後撕掉台紙。

## 皮草的處理方法

### 正面相對縫合一般布料時

P.47使用絨毛較長的人造皮草。以較粗的手藝用筆作記號。

剪刀的刀尖慢慢地往前裁剪，避免剪到絨毛。

裡布（背面）

如同P.47正面相對縫合裡布時，先疊合裡布，以珠針固定，裁成相同尺寸。裁剪皮草時，毛流方向易錯開位置，橫向布片容易延展，請以珠針固定進行回針縫。

進行車縫時，稍微靠近記號外側進行疏縫，即可避免延展與錯開位置。車縫靠近時以尖錐按壓皮草，可以更順利地完成車縫。

縫合後，翻向正面，以尖錐挑出壓入車縫部位的絨毛。

王棉幸福刺繡

# HAPPINESS STITCH

## 時尚的 model
## 台灣野鳥系列

作品設計、製作、示範教學、作法文字、圖片提供／王棉老師
情境攝影／MuseCat Photography 吳宇童
文字編輯／黃璟安　執行美編／韓欣恬

### 栗背林鴝（左）

公鳥頸部，像是圍了晚霞紅彩般迷人的圍巾。
栗背林鴝最早發現並有記錄的地點是在阿里山，因此也有
「阿里山鴝」之稱。在臺灣兩、三千公尺中高海拔地區的
開闊地或林道邊、近地面的灌木叢中可發現牠的蹤跡。

### 臺灣紫嘯鶇（右）

全身單一的湛藍色，如同鑲有一身藍寶石的衣裳在陽光照
射下閃亮炫目。臺灣特有種，分布在海拔兩千公尺以下的
山區，常在溪邊、或陰暗潮濕的谷地、昏暗的密林活動，
叫聲為尖細長音。

材料：本單元作品製作使用DMC繡線。

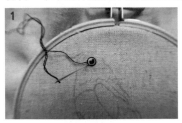

眼睛：使用直線針法，取1股繡線，再以輪廓針法以1股繡線刺繡周緣。（1圈白色，1圈黑色）。

嘴：以直線針法，取2股繡線繡嘴巴。

腳：取6股繡線拉直線，再以2股繡線橫向釘住。爪子部分使用輪廓針法，以2股繡線製作。

尾巴：使用輪廓針法，取3股繡線刺繡。可加入1股淺色〈採輪廓針法〉增加尾部亮點。

頭部與身體：以直線針法，取2股繡線打底。

翅膀：使用輪廓針法，深藍色2股、米色1股。

臂膀處：使用浮雕莖幹針法，取3股繡線，如圖完成。

使用1股繡線，從身體底部開始，層次往上刺繡。層次填滿。

脖子部分：使用錫蘭針法，取3股繡線完成。

使用黃色繡線，接續紅色繡線的錫蘭針法製作。

加上亮片。

頭部也以1股繡線層次填滿。

以直線針法取3股繡線繡草。

腹部軟毛處：使用1股繡線作1、2針交叉針，使更形生動即完成。

# BASIC LESSON OF STITCH

王棉老師的基礎針法小教室

## 輪廓針法 OUTLINE STITCH

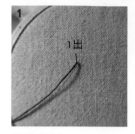 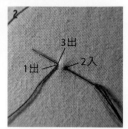 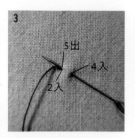 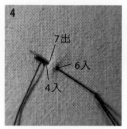 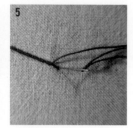 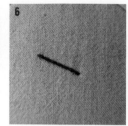

| 1 | 2 | 3 | 4 | 5 | 6 |
|---|---|---|---|---|---|
| 將線穿出。 | 取一適當距離,如圖入針、出針。1、3相同針洞。 | 取同樣距離入針、出針。2、5同針洞。 | 取同樣距離入針、出針。4、7同針洞。 | 如圖同針洞入針,作為結束。 | 完成圖。 |

## 浮雕莖幹針法 RAISED STEM STITCH

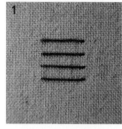 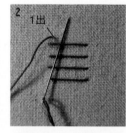 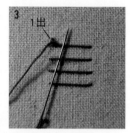 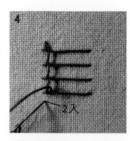 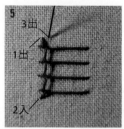 

| 1 | 2 | 3 | 4 | 5 | 6 |
|---|---|---|---|---|---|
| 等距離繡出橫線。(註:如希望表現更立體的效果,可在此橫線下塞入不織布。) | 出針後,如圖穿過第一條橫線。 | 再穿第二條橫線。 | 重複同樣動作,穿過最後一條橫線後入針。 | 如圖出針。重複剛剛的動作。(註:「3出」處,有兩種繡法,一是如圖在「1」附近的位置出針;另一是在「2」附近的位置出針倒過來繡。兩者效果相同。)即完成。 | |

## 錫蘭針法 CEYLON STITCH

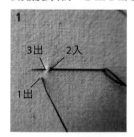 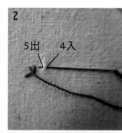 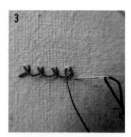 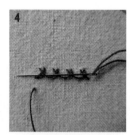 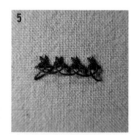

| 1 | 2 | 3 | 4 | 5 | 6 |
|---|---|---|---|---|---|
| 如圖入針、出針。 | 如圖入針、出針。 | 一橫排結束後,入針。 | 進行第二橫排,如圖穿過第一個形成的交叉。 | 再依序穿過第二、第三、第四個。 | 全部完成後,釘一小針固定浮起的線即完成。(註:為清楚辨識,使用不同顏色的線釘。) |

## 結粒針法 FRENCH KNOT STITCH

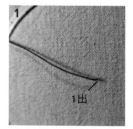 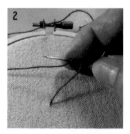 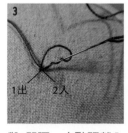 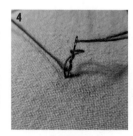 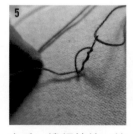 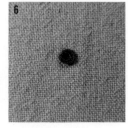

| 1 | 2 | 3 | 4 | 5 | 6 |
|---|---|---|---|---|---|
| 線穿出。 | 線在針上繞2至3圈。 | 與1間隔一小點距離入針〈不同針洞〉。 | 右手一邊慢慢入針。 | 左手一邊輕拉線,控制線的鬆緊。 | 入針後即完成。 |

## 鎖鍊針法 CHAIN STITCH

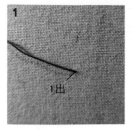 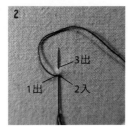  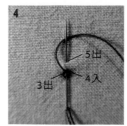  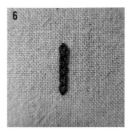

| | | | | | |
|---|---|---|---|---|---|
| 線穿出。 | 入針、出針。1、2同針洞。 | 線拉出。 | 同樣距離入針、出針。3、4同針洞。 | 如圖入針，作為結束。 | 完成圖。 |

## 環形針法 RING STITCH

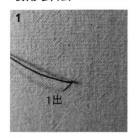 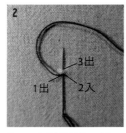 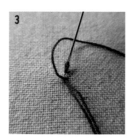  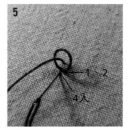 

| | | | | | |
|---|---|---|---|---|---|
| 將線穿出。 | 取一小點距離入針、出針。1、2同針洞。 | 將線拉出。 | 慢慢拉出想要的環的大小。 | 距1、2一小點的距離入針。 | 完成圖。 |

## 原寸圖案 PAPER PATTERN　註：數字表示DMC繡線色號，〈 〉內數字表示用線股數。

臺灣紫嘯鶇

結粒針法922〈2〉，310〈1〉

312，803，322〈2〉〈1〉

浮雕莖幹針法〈內塞不織布〉322〈3〉

鎖鍊針法322〈3〉

鎖鍊針法322〈2〉

結粒針法92〈3〉

鎖鍊針法809〈3〉

環形針法809〈2〉

803，312〈2〉〈1〉

317〈6〉〈2〉

栗背林鴝

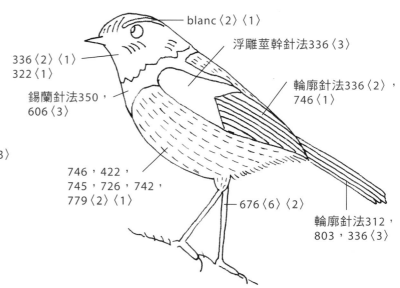

blanc〈2〉〈1〉

336〈2〉〈1〉322〈1〉

浮雕莖幹針法336〈3〉

輪廓針法336〈2〉，746〈1〉

錫蘭針法350，606〈3〉

746，422，745，726，742，779〈2〉〈1〉

676〈6〉〈2〉

輪廓針法312，803，336〈3〉

王棉老師簡歷 PROFILE

2007年著「手縫幸福刺繡」一書〈積木文化出版〉
2010年與他人合輯「就是愛繡日系風雜貨」雜誌〈心鮮文化出版〉
2011年鳳甲美術館「百年繁華展」，春仔花參展
2012年著「春仔花手作書」〈國藝會補助，王棉幸福刺繡出版〉
2013年起擔任Stitch刺繡誌顧問
2020年著「紅藍白色刺繡」、「挑花刺繡錄─中國貞豐・黃平苗族刺繡圖稿」〈王棉幸福刺繡出版〉

粉絲專頁：「王棉幸福刺繡」　https://www.facebook.com/blessmark99/

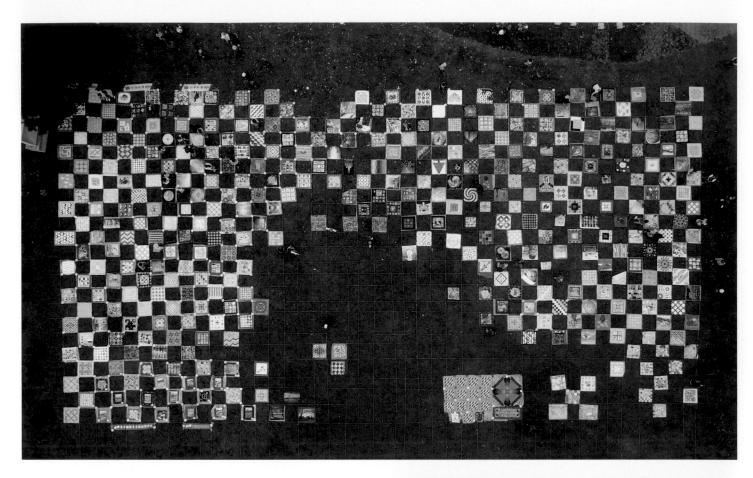

Patchwork News In Taiwan

2020 臺灣拼布藝術節
活動花絮實錄

# 1212 起步走！
# 平安到花蓮

攝影圖片、文字記錄提供／劉秀華老師　執行編輯／黃璟安
★特別感謝活動採訪協助／劉秀華老師、徐昕辰老師

2020年是這一世紀最不可思議的一年，小小的病毒控制了地球上的人類，你或者是我，還有許多偉大的人，都一樣平等的被限制。原本預定在台南舉辦的台灣拼布藝術節，因為疫情的演變而無法順利進行，在2020年的五月，籌備小組協商後，便由沒有確診病例的花蓮接手繼續此活動。

我們家的會議，都是在晚間的餐桌上，我家的老爺、少爺、媳婦聽了這項計畫，只問了「什麼時候要舉辦？」會提到這個，是想要重申，這個活動是因為有了家人的支持跟力挺，才能讓拼布老太太——我有了不顧一切往前衝的動力！活動的日期，會選擇在1212，起因是我家裡的成員幾乎都是軍人身分，有沒有？一個口號：全體向前看，起步走，1212！所以在這個日期舉辦這個活動，對我來說，也是個可愛的巧合。

在這一年，2020，很難「愛你愛你」，所有的人都要保持社交距離，更遑論舉行大型集會，全球所有拼布藝術活動幾乎取消或改以網路線上進行展示。接手活動了之後，我的團隊成員，就秉著「在疫情演變下，沒有人會來花蓮」為出發點，除了號召拼布人1212起步走平安到花蓮，更發起了拼布老師們鼓勵學生製作100乘以100公分的作品，響應曬被節活動。在這之外，我們的團隊成員更是朝著每一人製作五件作品，參加曬被，在20人乘以五件的數量下，就算封城了，我們也備有100件作品得以曬被。

然而1212花蓮曬被節，真是命運多舛，我們的籌備小組在半年努力號召佈局，原以為可以順利完成，誰知道，舉辦前居然遇到氣候異常，大雨的程度使鐵路坍掉，又在1212前夕發生了大地震等災害，這不得不讓我們預作最壞打算。 在

1.「太陽的故鄉」在花蓮。
2.我的小孫子寬帥與爸媽合作的作品「我是寬帥」，我是寬奶奶。

3.拼布人能夠往前衝，是因為背後有推手。
4.活動精彩花絮。
5.只要努力一定可以做到，黎明教養院的朋友做到了。

活動順利完成後，我想謝謝花蓮文化中心的長官們，在他們的堅持下，我們作了雨天備案的沙盤推演，雖然這雨，沒有放過花蓮，但台上的一分鐘，是我們半年磨的功，展前一個月，花蓮團隊的成員，為了最後的結尾，努力挑燈製作花裙子，協力幫忙，縫合了超大件作品「太陽的故鄉」，集合了全台拼布人的紅色喜悅以及「平安」，這些大型作品，在美術館中庭冉冉升起時，心中除了感動，還是感動！

謝謝台灣拼布藝術節1212到花蓮，在這裡我想要感謝所有參與的拼布人，沒有鐵路交通的花蓮令人卻步，不確定性的天氣讓人沮喪，更遑論每日一搖的餘震，謝謝你們，在1212這一天沒有缺席，也謝謝來自各地的11位拼布大師，以及業界廠商的共襄盛舉，拼布藝術萬歲！我們攜手同行，與您相約今年11月27日幸福相見！　**f**「台灣拼布藝術節」

# 一定要學會の 拼布基本功

## 基本工具

### 針
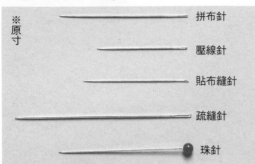

※原寸

- 拼布針
- 壓線針
- 貼布縫針
- 疏縫針
- 珠針

配合用途有各式各樣的針。拼布針為8至9號洋針，壓線針細且短，貼布縫針像絹針一樣細又長，疏縫針則比較粗且長。

### 線

壓縫用線
疏縫線
拼布線

拼布適用60號的縫線，壓線建議使用上過蠟、有彈性的線。但若想保有柔軟度，也可使用與拼布一樣的線。疏縫線如圖示，分成整捲或整捆兩種包裝。

### 記號筆

一般是使用2B鉛筆。深色布以亮色系的工藝用鉛筆或色鉛筆作記號，會比較容易看見。氣消筆或水消筆在描畫壓線線條時很好用。

### 頂針器
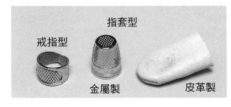

指套型
戒指型
金屬製
皮革製

平針縫與壓線時的必備工具。一旦熟練使用，縫出的針趾就會漂亮工整。戒指型主要用於平針縫，金屬或皮革製的指套則用於壓線。

### 壓線框

繡框的放大版。壓線時將布框入撐開。直徑30至40cm是好用的尺寸。

## 拼布用語

### ◆圖案（Pattern）◆
拼縫三角形或四角形的布片，展現幾何學圖形設計。依圖形而有不同名稱。

### ◆布片（Piece）◆
組合圖案用的三角形或四角形等的布片。以平針縫縫合布片稱為「拼縫」（Piecing）。

### ◆區塊（Block）◆
由數片布片縫合而成。有時也指完成的圖案。

### ◆表布（Top）◆
尚未壓線的表層布。

### ◆鋪棉◆

夾在表布與底布之間的平面棉襯。適用密度緊實的薄鋪棉。

### ◆底布◆

鋪棉的底布。夾在表布與底布之間。適用織目疏鬆、針容易穿過的材質。薄布會讓壓線的陰影無法漂亮呈現於表層，並不適合。

### ◆貼布縫◆
另外縫合上其他的布。主要是使用立針縫（參照P.83）。

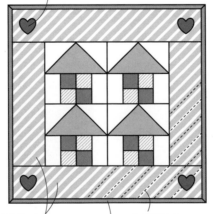

### ◆大邊條◆
接縫在由數個圖案縫合的表布邊緣的布。

### ◆包邊◆
以斜紋布條包覆完成壓線的拼布周圍或包包的袋口縫份。

### ◆壓線線條◆
在壓線位置所作的記號。

### ◆壓線◆
重疊表布、鋪棉與底布，壓縫3層。

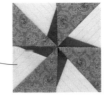

## 主要步驟

製作布片的紙型。

使用紙型在布上作記號後裁布，準備布片。

拼縫布片，製作表布。

在表布描畫壓線線條。

重疊表布、鋪棉、底布進行疏縫。

進行壓線。

包覆四周縫份，進行包邊。

# 拼縫前準備工作

## 下水

新買的布在縫製前要水洗。即使是統一使用相同材質的布拼縫，由於縮水狀況不一，有時作品完成下水仍舊出現皺縮問題。此外，以水洗掉新布的漿，會更好穿縫，且能預防褪色。大片布就由洗衣機代勞，洗後在未完全乾燥時，一邊整理布紋，一邊以熨斗整燙。

## 關於布紋

原寸紙型上的箭頭所指方向代表布紋。布紋是指直橫交織而成的紋路。直橫正確交織，布就不會歪斜。而拼布不同於一般裁縫，布紋要對齊直布紋或橫布紋任一方都OK。斜紋是指斜向的布紋。與直布紋或橫布紋呈45度的稱為正斜向。

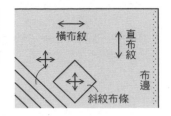

# 製作紙型

將製好圖的紙，或是自書本複印下來的圖案，以膠水黏貼在厚紙板上。膠水最好挑選不會讓紙起皺的紙用膠水。接著以剪刀沿著線條剪開，註明所需數量、布紋，並視需要加上合印記號。

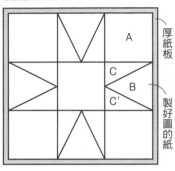
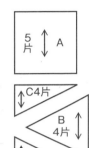
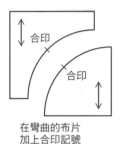

在彎曲的布片加上合印記號

# 作上記號後裁剪布片

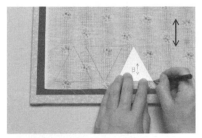

紙型置於布的背面，以鉛筆作上記號。在貼上砂紙的裁布墊上作上記號，布比較不會滑動。縫份約為0.7cm，不必作記號，目測即可。

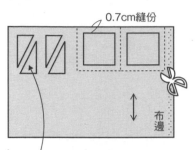

形狀不對稱的布片，在紙型背後作上記號。

# 拼縫布片

## ◆始縫結◆

縫前打的結。手握針，縫線繞針2、3圈，拇指按住線，將針向上拉出。

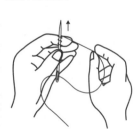

**1** 2片布正面相對，以珠針固定，自珠針前0.5cm處起針。

**2** 進行回針縫，手指確實壓好布片避免歪斜。

**3** 以手指稍微整理縫線，避免布片縮得太緊。

**4** 在止縫處回針，並打結。留下約0.6cm縫份後，裁剪多餘布片。

## ◆止縫結◆

縫畢，將針放在線最後穿出的位置，繞針2、3圈，拇指按住線，將針向上拉出。

## ◆分割縫法◆

直線方向由布端縫到布端時，分割成帶狀拼縫。

## ◆鑲嵌縫法◆

①縫至記號。

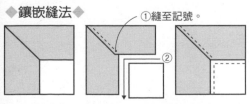

無法使用直線的分割縫法時，在記號處止縫，再嵌入布片縫合。

## 各式平針縫

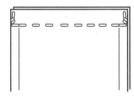

由布端到布端
兩端都是分割縫法時。

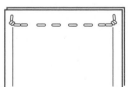

由記號縫至記號
兩端都是鑲嵌縫法時。

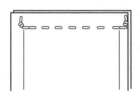

由布端縫至記號
縫至記號側變成鑲嵌縫法時。

## 縫份倒向

縫份不熨開而倒向單側。朝要要倒下的那一側，在針趾向內1針的位置摺疊縫份，以指尖往下按壓。

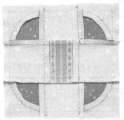

基本上，縫份是倒向想要強調的那一側，彎曲形則順其自然的倒下。其他還有全部朝同一方向倒下，或是倒向外側等，各式各樣的倒向方法。碰到像檸檬星（右）這種布片聚集在中心的狀況，就將菱形布片兩兩縫合成縫份倒向同一個方向的區塊，整合成上下的帶狀布後，再彼此縫合。

# 描畫壓線線條，進行疏縫

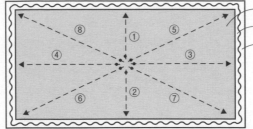
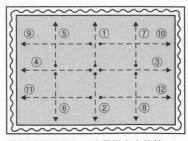

表布（正面）
鋪棉
底布（背面）

以熨斗整燙表布，使縫份固定。接著在表面描畫壓線記號。若是以鉛筆作記號，記得不要畫太黑。在畫格子或條紋線時，使用上面有平行線及方眼格線的尺會很方便。

準備稍大於表布的底布與鋪棉，依底布、鋪棉、表布的順序重疊，以手撫平，再以珠針重點固定。由中心向外側進行疏縫。上圖是放射狀疏縫的例子。

格狀疏縫的例子。適用拼布小物等。

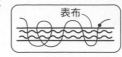

表布

止縫作一針回針縫，不打止縫結，直接剪掉線。

## 壓線

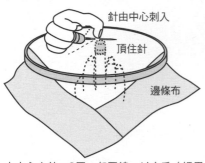

針由中心刺入
頂住針
邊條布

由中心向外，3層一起壓線。以右手（慣用手）的頂針指套壓住針頭，一邊推針一邊穿縫。左手（承接手）的頂針指套由下方頂住針。使用拼布框作業時，當周圍接縫邊條布，就要刺到布端。

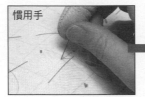
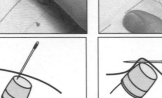
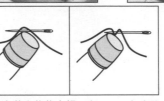

慣用手
承接手

針由上刺入，以指套頂住。→以指套將布往往上提，在指套邊作出一個山形，再以慣用手的指套推針，貫穿山腰。→以指套往左錯開，製造下個一山形，再依同樣方式穿縫。

每穿縫2、3針，就以指套壓住針後穿出。

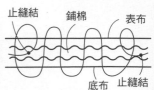

止縫結　鋪棉　表布
底布　止縫結

從稍偏離起針的位置入針，將始縫結拉至鋪棉內，縫一針回針縫，止縫也要縫一針回針縫，將止縫結拉至鋪棉內藏起來。

## 包邊

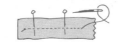

### 畫框式滾邊

所謂畫框式滾邊，就是以斜紋布條包覆拼布四周時，將邊角處理成及畫框邊角一樣的形狀。

### 斜紋布條作法

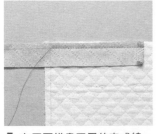

**1** 在正面描畫四周的完成線。斜紋布條正面相對疊放在拼布上，對齊斜紋布條的縫線記號與完成線，以珠針固定，縫到邊角的記號，在記號縫一針回針縫。

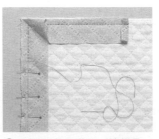

**2** 針線暫放一旁，斜紋布條摺成45度（當拼布的角是直角時）。重要的是，確實沿記號邊摺疊成與下一邊平行。

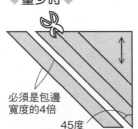

**3** 斜紋布條沿著下一邊摺疊，以珠針固定記號。邊角如圖示形成一個褶子。在記號上出針，再次從邊角的記號開始縫。

◆量少時◆

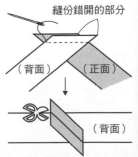

必須是包邊寬度的4倍
45度
縫份錯開的部分
（背面）（正面）
（背面）

布摺疊成45度，畫出所需寬度。1cm寬的包邊需要4cm、0.8cm寬要3.5cm、0.7cm寬3cm。包邊寬度愈細，加上布的厚度要預留寬一點。

接縫布條時，兩片正面相對，以細針目的平針縫縫合。熨開縫份，剪掉露出外側的部分。

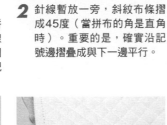

**4** 布條在始縫時先摺1cm。縫完　圈後，布條與摺疊的部分重疊約1cm後剪斷。

**5** 縫份修剪成與包邊的寬度，布條反摺，以立針縫縫合於底布。以布條的針趾為準，抓齊滾邊的寬度。

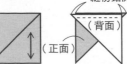

**6** 邊角整理成布條摺入重疊45度。重疊處縫一針回針縫變得更牢固。漂亮的邊角就完成了！

◆量多時◆

縫份錯開的部分
（背面）（正面）

布裁成正方形，沿對角線剪開。

裁開的布正面相對重疊亞以串縫縫合。

熨開縫份，沿布端畫上需要的寬度。另一邊的布端與畫線記號錯開一層，正面相對縫合。以剪刀沿著記號剪開，就變成一長條的斜紋布。

# 拼布包縫份處理

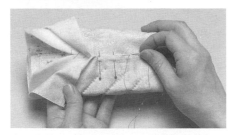

## A 以底布包覆

側面正面相對縫合，僅一邊的底布留長一點，修齊縫份。接著以預留的底布包覆縫份，以立針縫縫合。

## B 進行包邊（外包邊的作法相同）

適合彎弧部分的處理方式。兩片正面相對疊合（外包邊是背面相對），疏縫固定，斜紋布條正面相對，進行平針縫。

修齊縫份，以斜紋布條包覆進行立針縫，即使是較厚的縫份也能整齊收邊。斜紋布條若是與底布同一塊布，就不會太醒目。

## C 接合整理

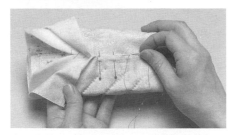

處理後縫份不會出現厚度，可使作品平坦而不會有突起的情形。以脇邊縫側面時，自脇邊留下2、3cm的壓線，僅表布正面相對縫合，縫份倒向單側。鋪棉接合以粗針目的捲針縫縫合，底布以藏針縫縫合。最後完成壓線。

# 貼布縫作法

## 方法A（摺疊縫份以藏針縫縫合）

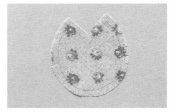

在布的正面作記號，加上0.3至0.5cm的縫份後裁布。在凹處或彎弧處剪牙口，但不要剪太深以免綻線，大約剪到距記號0.1cm的位置。接著疊放在土台布上，沿著記號以針尖摺疊縫份，以立針縫縫合。

## 方法B（作好形狀再與土台布縫合）

在布的背面作記號，與A一樣裁布。平針縫彎弧處的縫份。始縫結打大一點以免鬆脫。接著將紙型放在背面，拉緊縫線，以熨斗整燙，也摺好直線部分的縫份。線不動，抽掉紙型，以藏針縫縫合於土台布上。

# 基本縫法

| ◆平針縫◆ | ◆回針縫◆ |
|---|---|

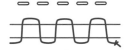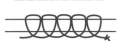

| ◆立針縫◆ | ◆星止縫◆ |
|---|---|

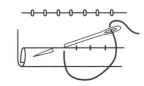

| ◆捲針縫◆ | ◆梯形縫◆ |
|---|---|

兩端的布交替，針趾與布端呈平行的挑縫。

# 安裝拉鍊

## 從背面安裝

對齊包邊端與拉鍊的鍊齒，以星止縫縫合，以免針趾露出正面。以拉鍊的布帶為基準就能筆直縫合。
※縫合脇邊再裝拉鍊時，將拉鍊下止部分置於脇邊向內1cm，就能順利安裝。

## 從正面安裝

同上，放上拉鍊，從表側在包邊的邊緣以星止縫縫合。縫線與表布同顏色就不會太醒目。因為穿縫到背面，會更牢固。背面的針趾還可以裡袋遮住。

拉鍊布端可以千鳥縫或立針縫縫合。

# 包邊繩作法

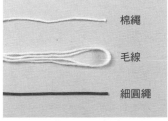

棉繩

毛線

細圓繩

以斜紋布條將芯包住。若想要鼓鼓的效果就以毛線當芯，或希望結實一點就以棉繩或細圓繩製作。棉繩與細圓繩是以用斜紋布條邊夾邊縫合，毛線則是斜紋布條縫合成所需寬度後再穿。

◆棉繩或細圓繩◆

◆毛線◆

縫合側面或底部時，先暫時固定於單側，再壓緊一邊將另一邊包邊繩縫合固定。始縫與止縫平緩向下重疊。

# 作品紙型＆作法

＊圖中的單位為cm。
＊圖中的❶❷為紙型號碼。
＊完成作品的尺寸多少會與圖稿的尺寸有所差距。
＊關於縫份，原則上布片為0.7cm、貼布縫為0.3至0.5cm，其餘
　則預留1cm後進行裁剪。
＊附註為原寸裁剪標示時，不留縫份，直接裁剪。
＊請參考基礎技法P.80至P.83。
＊刺繡方法請參照P.95。
＊蘇姑娘貼布縫方法請參照P.24、P.25。

**P18** No.22．No.23 壁飾　●紙型B面❺、⓳（圖案&I布片的原寸紙型）

◆材料
相同　各式貼布縫、拼接用布片 毛氈布、25號繡線
各適量
No.23　A用布45×35cm　B用布45×10cm　寬4cm滾
邊用斜布條200cm 鋪棉、胚布各55×50cm
No.22　A用布70×40cm（包含滾邊部分）　鋪棉、胚
布各50×40cm　寬1.2cm蕾絲2種各10cm　直徑1cm
鈕釦1顆　直徑0.8cm鈕釦2顆

◆作法順序
No.23　拼接A與B布片→進行貼布縫與刺繡→接縫C
至M布片，完成表布→後續作法如同No.22。
No.22　A布片進行貼布縫後，縫合固定蕾絲，進行刺
繡→接縫B至D布片，完成表布→疊合鋪棉與胚布，
進行壓線→縫上鈕釦→進行周圍滾邊（請參照
P.82）。

◆作法重點
○毛氈布原寸裁剪。疊合其他布片的部位，預留縫份
　0.7cm。

完成尺寸　No.22 46×36cm　No.23 43×49cm

### No.22 領結

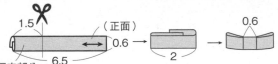

1.5　（正面）　　0.6
←6.5→　0.6　　2
固定部分
　摺成三褶，完成帶狀。

摺疊兩端，以固定中心的短帶包覆後進行藏針縫。

### No.22 帽子貼布縫

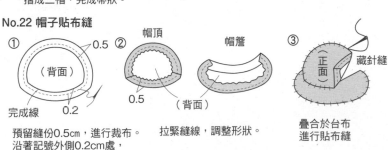

① 0.5　② 帽頂　帽簷　③
完成線　0.2　　0.5　（背面）　正面　藏針縫
（背面）

預留縫份0.5cm，進行裁布。
沿著記號外側0.2cm處，
進行平針縫。

拉緊縫線，調整形狀。

疊合於台布
進行貼布縫

### 原寸貼布縫圖案

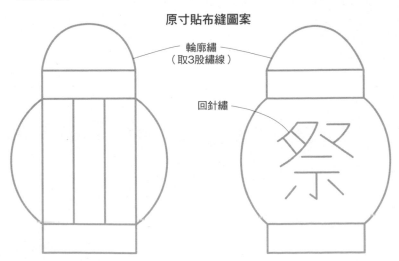

輪廓繡
（取3股繡線）

回針繡

祭

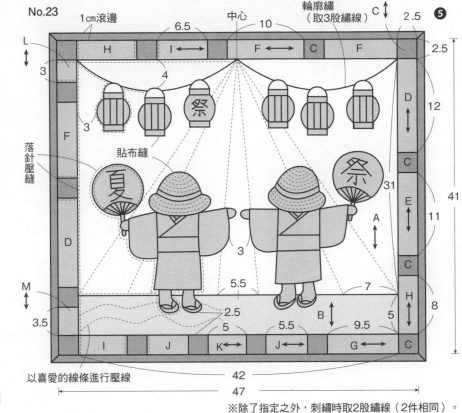

No.23

1cm滾邊　中心　喜愛的曲線
輪廓繡（取3股繡線）

6.5　10　　C↕ 2.5　❺
2.5

L　H　I　F　C　F
3　　4
F　　3
落針壓縫
D

貼布縫
夏　祭
31

D　12
C
E　11
C
H
A
3
M
5.5　　7
2.5　B
3.5　5　5.5　9.5　5　8
I　J　K　J　G　C

以喜愛的線條進行壓線
42
47

※除了指定之外，刺繡時取2股繡線（2件相同）。

No.22

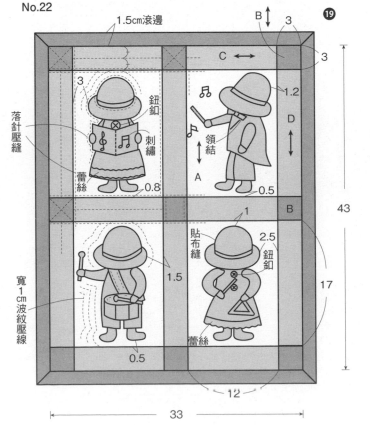

1.5cm滾邊　　B↕ 3　⓳
3
C
3
落針壓縫　　1.2
鈕釦　D
♪　領結
刺繡
蕾絲　A
0.8　　0.5
1
B
寬1cm波紋壓線　　貼布縫
1.5　鈕釦　2.5
43
蕾絲
0.5　　17
12
33

**No.1 壁飾** ●紙型B面**⑩**

◆材料
**各式貼布縫用布片** 台布50×40cm A、B用布55×25cm 鋪棉、胚布各60×50cm 寬0.8cm蕾絲170cm 直徑0.3cm串珠32顆 25號繡線適量
◆作法順序
台布進行貼布縫、刺繡→周圍接縫A、B布片，完成表布→依圖示完成縫製。

完成尺寸 51×40cm

**縫製方法**

①

（原寸裁剪）
胚布（背面） 28
20cm返口
接合
28
43

中央預留返口後，
接合胚布。

②

表布（正面）
凹處剪牙口 縫合
鋪棉（沿著縫合針目邊緣修剪）
胚布（背面）
返口
0.7

正面相對疊合表布與胚布，
表布側疊合鋪棉，
縫合周圍，
裁掉多餘的縫份。

③

0.5 星止縫
胚布（正面）
藏針縫

翻向正面，縫合返口，
沿著周圍，以星止縫進行壓縫，
進行壓線，
縫上蕾絲與串珠。

⑩
中心
A
角上縫上串珠2顆
台布
輪廓繡
貼布縫
落針壓縫
縫合固定蕾絲
法國結粒繡
中心
B
45 51
2 2
法國結粒繡
法國結粒繡
輪廓繡
34
3
直線繡 輪廓繡
40

---

**No.2 收納盤** ●紙型B面**⑩**（原寸貼布縫圖案＆提把原寸紙型）

◆材料
**各式貼布縫用布片** 本體用布2種各35×30cm 提把用表布、胚布各30×10cm 鋪棉、胚布各75×30cm 寬0.8cm蕾絲60cm 寬1cm絨球織帶75cm 底板20×35cm 25號繡線適量
◆作法順序
本體外側用布進行貼布縫、刺繡→本體外側與內側用布分別疊合鋪棉、胚布，進行壓線→依圖示完成縫製。

完成尺寸 15×20×6cm

**縫製方法**

①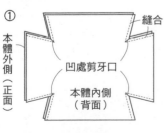

本體外側（正面）
凹處剪牙口
本體內側（背面）

正面相對疊合
本體外側與內側，
縫合凹邊，
角上縫份剪牙口。

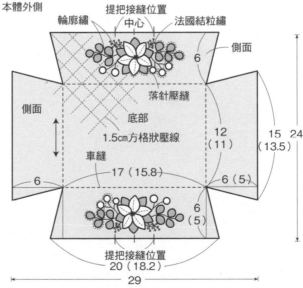

本體外側
輪廓繡
提把接縫位置
中心
法國結粒繡
側面
6
側面
落針壓縫
底部
1.5cm方格狀壓線
12（11）
15 24（13.5）
車縫
6
17（15.8）
6（5）
6（5）
提把接縫位置
20（18.2）
29

※ 本體內側相同尺寸（不進行貼布縫）。
※（ ）內為底板尺寸。

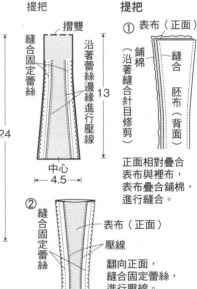

提把
摺雙
縫合固定蕾絲
沿著蕾絲邊緣進行壓線
13
中心
4.5

提把
① 表布（正面）
鋪棉（沿著縫合針目修剪）
縫合
胚布（背面）

正面相對疊合
表布與裡布，
表布疊合鋪棉，
進行縫合。

② 縫合固定蕾絲
表布（正面）
壓線
縫合固定蕾絲

翻向正面，
縫合固定蕾絲，
進行壓線。

②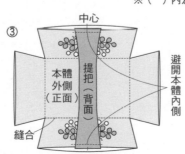

本體內側（背面）
縫合
本體外側（正面）
底板

翻向正面，縫合底部3邊，
由預留開口的側面，
放入11×15.8cm底板。

③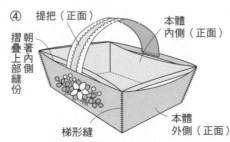

中心
本體外側（正面）
提把（背面）
本體內側
避開本體內側縫份
縫合

本體外側的提把接縫位置，
正面相對疊合提把，暫時固定。

④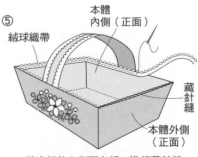

提把（正面）
朝著內側摺疊上部縫份
本體內側（正面）
本體外側（正面）
梯形縫

翻向正面，將提把正面側翻向外側。
併攏側面，以梯形縫進行縫合。

⑤
本體內側（正面）
絨球織帶
藏針縫
本體外側（正面）

將底板放入側面上部，進行藏針縫。
沿著內側邊緣縫合固定絨球織帶。

## ◆材料

**相同** 各式貼布縫用布片 8號繡線適量

**針線盒** A布片、內口袋、剪刀套、剪刀固定帶、補強片等各式表布用布片 底部用布50×25cm（包含蓋子台布部分） 鋪棉90×20cm 單膠鋪棉25×25cm 胚布60×30cm 裡布80×35cm（包含補強片、滾邊部分） 薄接著襯、雙面接著襯各80×20cm 中厚接著襯45×15cm 長22cm拉鍊2條 直徑0.6cm花形鈕釦2顆 長1.5cm 直徑0.4cm拉鍊裝飾用串珠各2顆

**量尺＆筆袋** 各式拼接、口袋、側身布、釦絆用布片 裡布20×15cm 鋪棉25×20cm 薄接著襯20×15cm 雙面接著襯15×15cm 寬3.5cm滾邊用斜布條85cm 直徑1.5cm包釦心1顆 直徑1.4cm按釦1組

**收納針套** 各式布片 單膠鋪棉25×10cm 寬0.5cm波浪形織帶11cm 直徑1.5cm包釦心2顆 直徑1.4cm按釦1組 3×6cm毛氈4片

**頂針收納包** 袋身用布各15×10cm 側身用布20×10cm 單膠鋪棉、胚布各25×20cm 長9cm拉鍊1條 拉鍊裝飾用串珠長1.7cm 1顆・直徑0.4cm 2顆 寬3.5cm滾邊用斜布條2種各15cm 25號繡線適量

## ◆作法順序

**針線盒** A布片與蓋子台布進行貼布縫與刺繡→拼接A布片，接縫處進行貼布縫，完成側面表布，進行壓線→拼接B布片，製作內口袋，縫合固定於側面裡布→製作剪刀套與剪刀固定帶，縫合固定於蓋子裡布→蓋子表布疊合鋪棉與胚布，進行壓線，進行周圍滾邊→製作底部→依圖示完成縫製。

**量尺＆筆袋** A布片進行貼布縫與刺繡後，拼接B布片，完成表布→疊合鋪棉，進行壓線→拼接C布片，完成口袋，縫合固定於裡布→疊合表布，縫合固定側身→進行周圍滾邊（請參照P.82）→製作釦絆，縫合固定。

**收納針套** 進行貼布縫，完成表布與裡布→製作鞋子→依圖示完成縫製。

**頂針收納包** 進行貼布縫與刺繡，完成袋身表布→依圖示完成縫製。

## ◆作法重點

○接著襯進行原寸裁剪。
○收納針套與頂針器收納包、縫紉工具箱的剪刀套與剪刀固定帶，疊合接著鋪棉後，不黏合，直接進行縫合。完成縫合後，沿著縫合針目邊緣修剪，翻向正面，進行黏合。
○配合剪刀大小，決定縫紉工具箱的剪刀套與剪刀固定帶的接縫位置。

---

### 收納針套

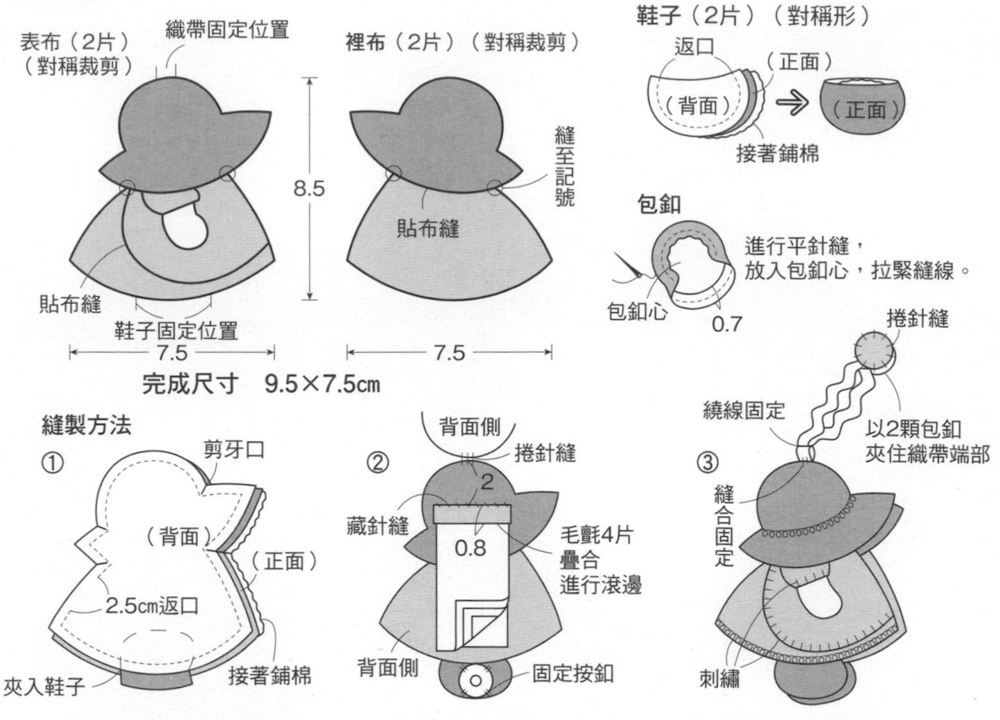

**表布（2片）（對稱裁剪）**
織帶固定位置
貼布縫
8.5
鞋子固定位置
7.5

**裡布（2片）（對稱裁剪）**
縫至記號
貼布縫
7.5

**完成尺寸 9.5×7.5cm**

**鞋子（2片）（對稱形）**
返口
（背面）（正面）→（正面）
接著鋪棉

**包釦**
進行平針縫，放入包釦心，拉緊縫線。
包釦心　0.7

### 縫製方法

① 剪牙口
（背面）
（正面）
2.5cm返口
接著鋪棉
夾入鞋子
正面相對疊合正面側與背面側，疊合鋪棉，預留返口，進行縫合。

② 背面側
捲針縫
藏針縫
2
0.8
毛氈4片疊合進行滾邊
背面側
固定按釦
翻向正面，縫合返口，進行刺繡。上側縫合固定2片，其中一側縫合固定毛氈。

③ 捲針縫
繞線固定
以2顆包釦夾住織帶端部
縫合固定
刺繡
長11cm織帶，對摺後，將摺雙側縫合固定於帽子。

---

### 頂針收納包

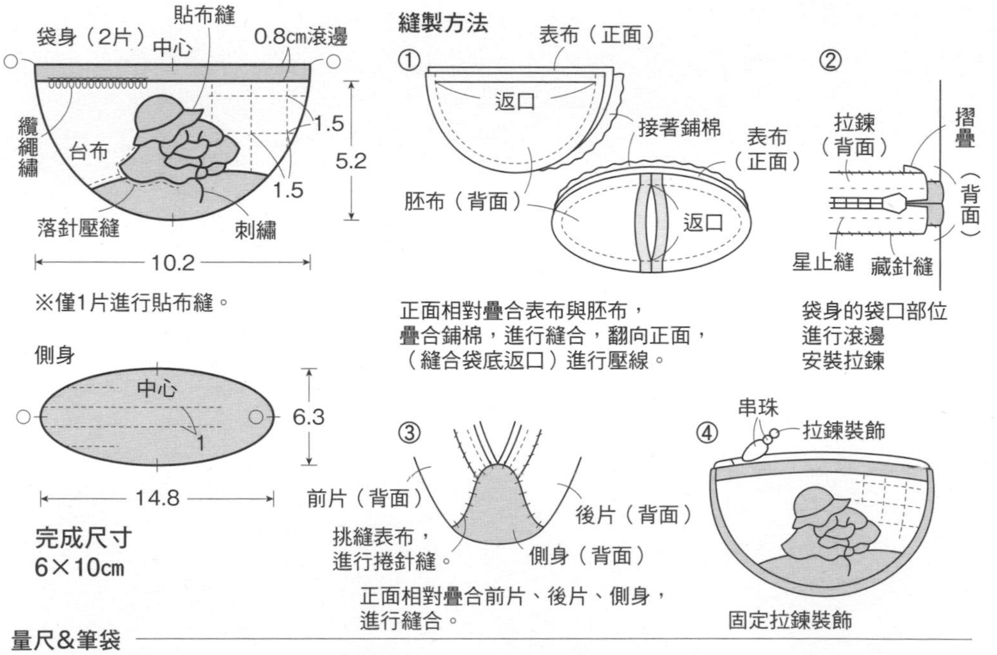

**袋身（2片）**
貼布縫
中心
0.8cm滾邊
繞繩繡
台布
1.5
5.2
1.5
落針壓縫
刺繡
10.2
※僅1片進行貼布縫。

**側身**
中心
1
6.3
14.8
**完成尺寸 6×10cm**

### 縫製方法

① 表布（正面）
返口
接著鋪棉
胚布（背面）
返口
正面相對疊合表布與胚布，疊合鋪棉，進行縫合，翻向正面，（縫合袋底返口）進行壓線。

② 表布（正面）
拉鍊（背面）
摺疊（背面）
星止縫　藏針縫
袋身的袋口部位進行滾邊安裝拉鍊

③ 挑縫表布，進行捲針縫。
前片（背面）
側身（背面）
後片（背面）
正面相對疊合前片、後片、側身，進行縫合。

④ 串珠
拉鍊裝飾
固定拉鍊裝飾

---

### 量尺＆筆袋

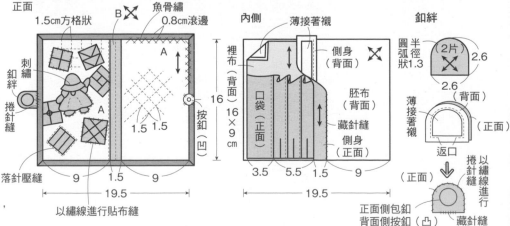

正面
1.5cm方格狀
B
魚骨繡
0.8cm滾邊
刺繡
釦絆
捲針縫
A
A
落針壓縫
9　1.5　9
1.5 1.5
19.5
以繡線進行貼布縫

**內側**
薄接著襯
裡布（背面）
側身（背面）
口袋（正面）
胚布（背面）
藏針縫
側身（正面）
16
16×9cm
按釦（凹）
3.5　5.5　1.5　9
19.5

**釦絆**
圓半徑狀1.3
（2片）2.6
2.6
（背面）
薄接著襯
返口
（正面）
正面側包釦
背面側按釦（凸）
以繡線進行捲針縫
藏針縫

---

**口袋**

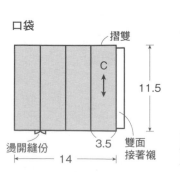

摺雙
C
11.5
燙開縫份　3.5
14
雙面接著襯

**完成尺寸 17.5×10.5cm**

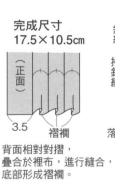

（正面）
3.5
褶襉
背面相對對摺，疊合於裡布，進行縫合，底部形成褶襉。

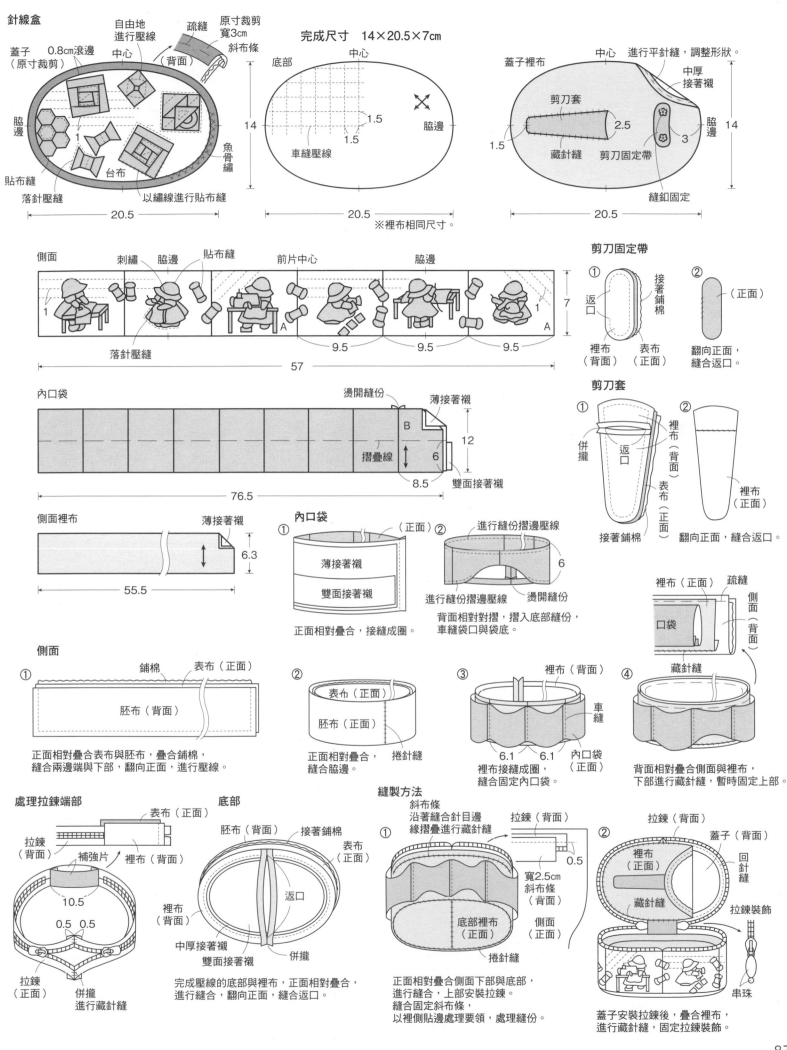

◆材料

各式貼布縫用布片　白、紅色水玉圖案布各110×110cm　E用白色印花布110×50cm　紅色格紋布110×130cm（包含滾邊部分）鋪棉、胚布各100×205cm　寬1.2cm蕾絲510cm　直徑0.5cm鈕釦　25號繡線適量

◆作法順序

A布片進行貼布縫，完成16片，周圍接縫B至D布片→接縫E、F布片→周圍接縫G、H布片→I布片與帽子主題圖案進行貼布縫，完成表布→疊合鋪棉、胚布，進行壓線→進行周圍滾邊（請參照P.82）。

◆作法重點

○I布片摺疊縫份，兩邊端進行平針繡後，進行貼布縫，縫於G與H布片的中央。

完成尺寸　127×127cm

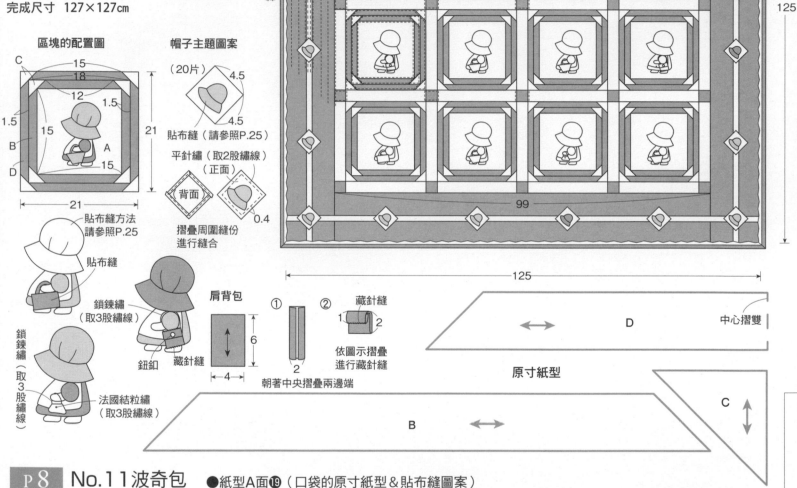

區塊的配置圖

帽子主題圖案

（20片）

貼布縫（請參照P.25）

平針繡（取2股繡線）

（正面）

背面

摺疊周圍縫份進行縫合

貼布縫方法請參照P.25

貼布縫

鎖鍊繡（取3股繡線）

鈕釦

藏針縫

鎖鍊繡（取3股繡線）

法國結粒繡（取3股繡線）

肩背包

① ②　藏針縫

依圖示摺疊進行藏針縫

朝著中央摺疊兩邊端

原寸紙型

D 中心摺雙

C

B

落針壓縫　貼布縫　1cm滾邊

帽子主題圖案

蕾絲

---

◆材料

各式貼布縫用布片　A、C用布各20×15cm　B用布20×10cm　D用布20×5cm　後片用布20×15cm　側身用布45×10cm　寬4cm滾邊用斜布條160cm（包含包釦部分）單膠鋪棉、胚布45×45cm　長20cm拉鍊1條　寬3cm織帶6cm　直徑0.3cm串珠3顆　直徑2cm包釦心2顆、燭心線、壓縫專用線各適量

◆作法順序

拼接布片，進行貼布縫，完成前片與口袋的表布→胚布與鋪棉疊合前片、後片、側身的表布，進行壓線→依圖示完成縫製。

◆作法重點

○除了指定之外，刺繡時使用壓縫專用線。

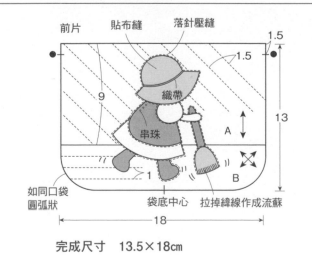

前片　貼布縫　落針壓縫

織帶

串珠

如同口袋圓弧狀　袋底中心　拉掉緯線作成流蘇

完成尺寸　13.5×18cm

側身

0.8cm滾邊

底部中心摺雙

◆材料（1件的用量）
各式貼布縫、包釦用布片 A用布15×35cm（包含後片部分） B用布15×20cm 單膠鋪棉、裡袋（包含口袋裡布部分）各45×25cm 胚布35×25cm 寬1.5cm蕾絲15cm（No.10為45cm） 直徑0.2cm串珠3顆（9顆） 寬0.3cm波形織帶5cm 蕾絲花片寬1cm 3片、寬1.2cm與2cm各1片（10片） 直徑0.3cm繩帶10cm 直徑1.3cm包釦心2顆 寬10cm蛙嘴口金1個 燭心線、壓縫專用線各適量

◆作法順序
B布片進行貼布縫與刺繡，A布片進行貼布縫，完成前片表布→前片與後片表布黏貼鋪棉，疊合胚布，進行壓線→製作口袋，縫合固定於後片→依圖示完成縫製。

完成尺寸　20 × 12.5cm

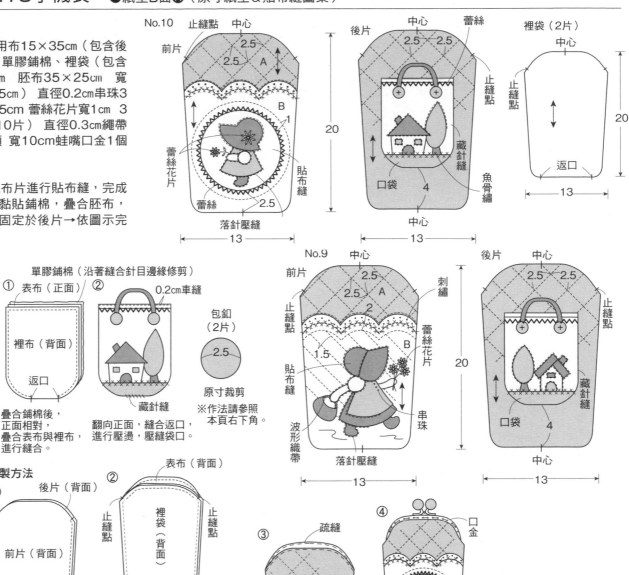

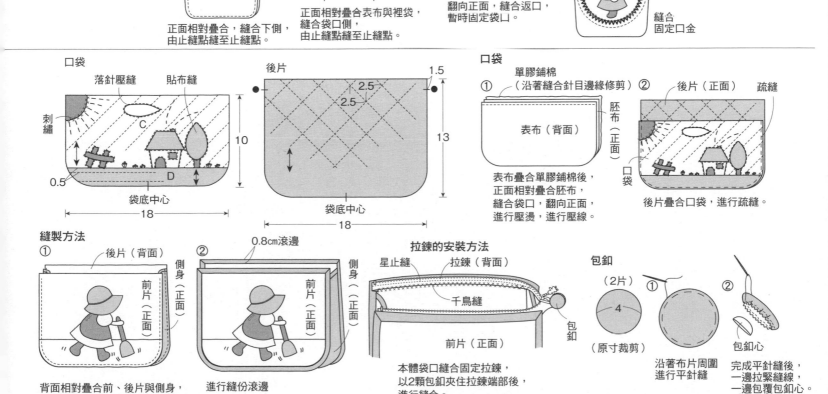

89

◆材料

No.15 各式拼接、貼布縫用布片、毛氈布 鋪棉、胚布各65×50cm
滾邊用緞紋布70×55cm（包含B、C布片部分） 寬1.2cm星形亮片1
片、直徑0.2cm串珠1顆

No.16 各式拼接、貼布縫用布片 A用布2種30×20cm 鋪棉、胚
布各35×35cm 寬2.5cm滾邊用斜布條120cm 25號繡線、原色燭心
線、蕾絲適量

◆作法順序

No.15 A布片（與拼接a、b的區塊）進行貼布縫，拼接B至D布片，
完成表布→疊合鋪棉與胚布，進行壓線→一部分區塊固定亮片→進行
周圍滾邊（請參照P.82）。

No.16 A布片進行貼布縫與刺繡，接縫成3×3列→拼接B布片，接縫
於A布片周圍，完成表布→疊合鋪棉與胚布，進行壓線→進行周圍滾
邊（請參照P.82）。

◆作法重點

○No.15蘇姑娘的臉、手、頭髮、靴子、帽子上絨球皆使用毛氈布。
　毛氈布原寸裁剪，疊合其他布片的部位預留縫份。

完成尺寸 No.15 62×44cm No.16 28×28cm

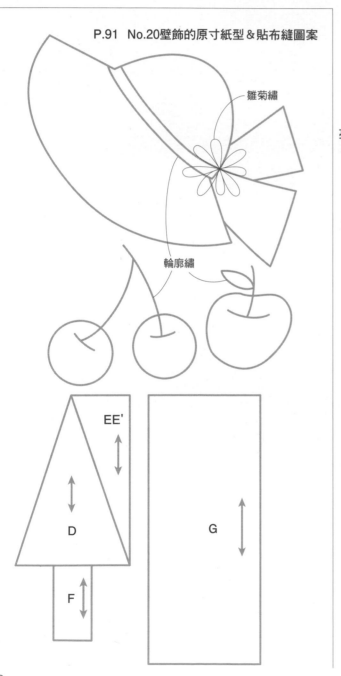

P.91 No.20壁飾的原寸紙型＆貼布縫圖案

雛菊繡

輪廓繡

EE'

D

F

G

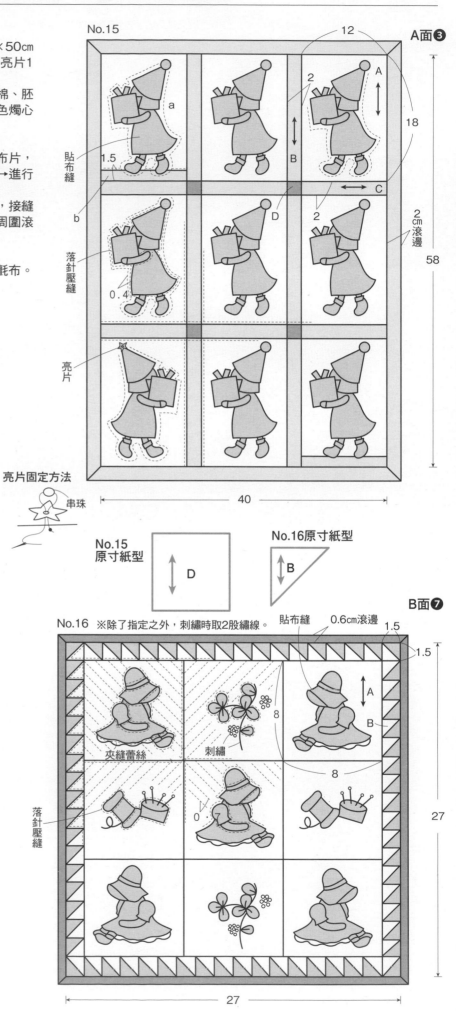

No.15

A面❸

12

18

2cm滾邊

58

40

亮片固定方法

串珠

No.15
原寸紙型

D

No.16原寸紙型

B

B面❼

No.16 ※除了指定之外，刺繡時取2股繡線。

貼布縫 0.6cm滾邊 1.5

1.5

夾縫蕾絲 刺繡

落針壓縫

8

8

27

27

No.19壁飾　　●紙型A面❶（原寸貼布縫圖案）

◆材料
各式拼接、貼布縫用布片 A用原色素布110×55cm
B、C、E、F用紅色平織格紋棉布110×140cm（包
含滾邊部分）
◆作法順序
A布片進行貼布縫後，拼縫B至D布片→周圍接縫E、F
布片，進行貼布縫，完成表布→疊合鋪棉與胚布，進
行壓線→進行周圍滾邊（請參照P.82）。

完成尺寸　112×100cm

原寸紙型

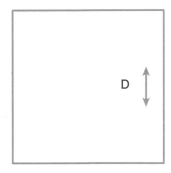

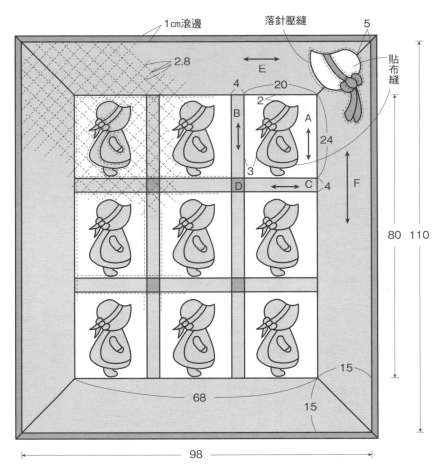

1cm滾邊　　落針壓縫
2.8
E
4　　20
B　A
24
3
D　C　4
F
貼布縫
5
80　110
15
68
15
98

---

No.20壁飾　　●紙型B面❹（原寸貼布縫＆刺繡圖案）

◆材料
各式拼接、貼布縫用布片 鋪棉、胚布各
60×60cm　滾邊用粉紅色印花布
80×60cm（包含拼接部分）　25號繡
線、寬0.7cm波形織帶各適量
◆作法順序
A與B布片進行貼布縫、刺繡，接縫C布
片→接縫D至H布片，進行貼布縫與刺
繡，完成表布→疊合鋪棉與胚布，進行
壓線→進行周圍滾邊（請參照P.82）。

◆作法重點
○B的帽子、蘋果、櫻桃原寸貼布縫圖
案，與D至G布片原寸紙型，請參照
P.90。
○刺繡時取2股繡線。
○沿著刺繡邊緣進行壓線。

完成尺寸　56×56cm

貼布縫　　刺繡　　1cm滾邊
H
6
3
3
G
1.5
E'
A　D
E
F
A
8
20
C　3
B
8
A
落針壓縫　以喜愛的線條進行壓線。
6
A
20
5
4.5
7.3　7.5
3.7
25
54
54
直徑1.7至3cm的圓形自由地進行壓線

◆材料
No.17　各式拼接、貼布縫用布片　A用布35×35cm　D至G'用布50×20cm　H、I用布50×35cm　鋪棉、胚布各60×55cm　寬3.5cm滾邊用斜布條220cm　寬1.2cm蕾絲花片20cm　直徑0.2cm串珠8顆

No.18　各式拼接、貼布縫用布片　台布40×40cm　A至C用布110×55cm　鋪棉、胚布各75×75cm　寬3.5cm滾邊用斜布條280cm　25號白色繡線適量

◆作法順序
No.17　A布片進行貼布縫→拼接A至C布片，接縫D至G'布片→左右上下接縫H與I布片，完成表布→疊合鋪棉與胚布，進行壓線→縫上串珠與蕾絲→左右上下依序進行滾邊。

No.18　台布進行蘇姑娘貼布縫→A布片進行貼布縫→接縫4片A布片，D布片拼接B、C布片，分別拼接完成區塊後，進行接縫→進行花朵貼布縫，進行刺繡，完成表布→疊合鋪棉與胚布，進行壓線→左右上下依序進行滾邊。

◆作法重點
○No.18滾邊用斜布條依喜好接縫亦可。

完成尺寸　No.17　54.5×49cm　No.18　67.5×69.5cm

No.17的原寸壓線圖案

No.18的原寸紙型

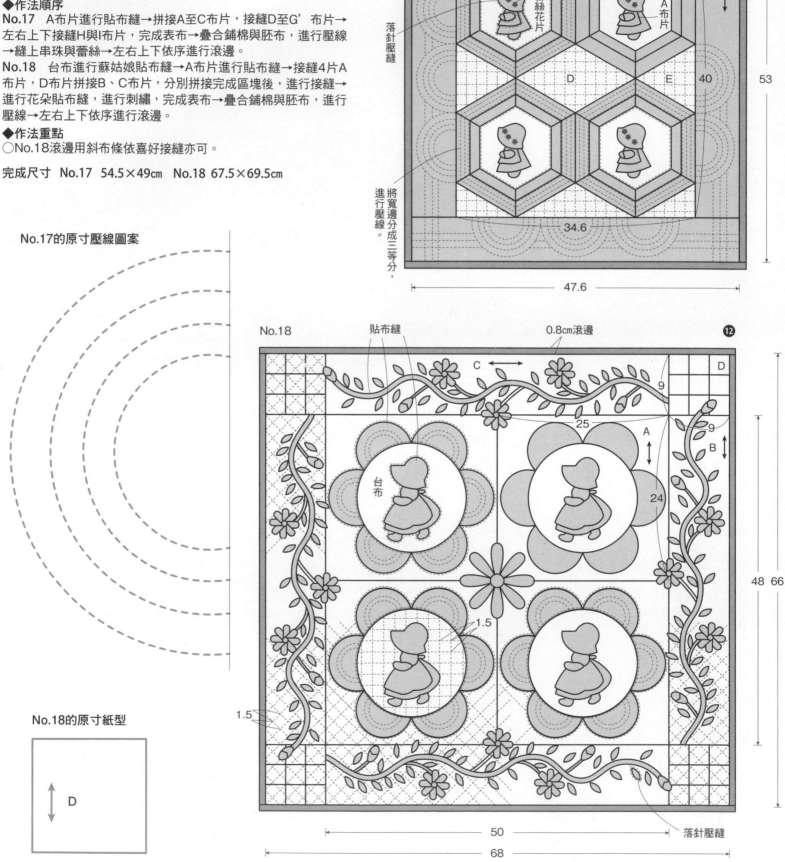

**No.21壁飾** ●紙型B面❶（B、D、F布片的原寸紙型＆貼布縫圖案）

◆材料
各式拼接、貼布縫用布片　A用布40×25cm　C用布
55×15cm　E用布40×25cm　鋪棉、胚布各
50×50cm　寬1.2cm蕾絲花片4片　喜愛的蕾絲、25
號繡線各適量

◆作法順序
5片A布片進行貼布縫與刺繡（指定之外取2股繡
線）→拼接B布片，完成4片圖案→接縫圖案、A、
C、D布片，周圍接縫E、F布片，完成表布→疊合
鋪棉，進行壓線→依圖示完成縫製。

完成尺寸　43 × 43cm

**縫製方法**

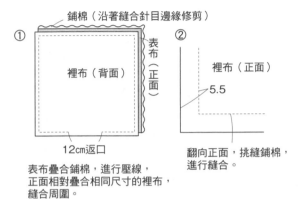

① 鋪棉（沿著縫合針目邊緣修剪）
表布（正面）
裡布（背面）
12cm返口
表布疊合鋪棉，進行壓線，
正面相對疊合相同尺寸的裡布，
縫合周圍。

② 裡布（正面）
5.5
翻向正面，挑縫鋪棉，
進行縫合。

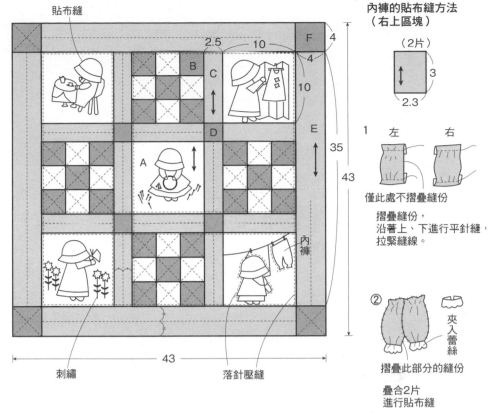

貼布縫
2.5　10
F　4
4
B
C
10
D
E
35
43
43
刺繡　落針壓縫
內褲

**內褲的貼布縫方法**
（右上區塊）
（2片）
3
2.3

僅此處不摺疊縫份

左　右
摺疊縫份，
沿著上、下進行平針縫，
拉緊縫線。

② 夾入蕾絲
摺疊此部分的縫份
疊合2片
進行貼布縫

---

**No.24環保購物袋**

◆材料
各式貼布縫用布片　本體用布80×40cm　穿繩處用布
25×10cm　直徑0.5cm繩帶75cm　直徑0.6cm鈕釦3顆　25
號繡線適量

◆作法順序
本體用布進行貼布縫與刺繡，縫上鈕釦→正面相對，由袋
底中心摺疊，依圖示完成縫製。

◆作法重點
○袋口預留縫份3.5cm。
○進行Z形車縫，處理脇邊與側身的縫份。

繩帶
完成尺寸
30×35cm

穿繩處用布固定位置
中心
15　8
貼布縫
（僅前片）
鈕釦
35
脇邊　脇邊
袋底中心摺雙
35

**穿繩處用布**
中心
（2片）
2.5
20
①摺疊。　（背面）　②摺疊。

**原寸貼布縫圖案**

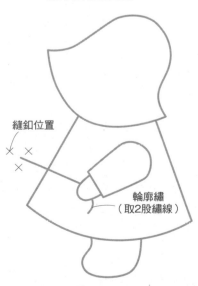

縫釦位置
×
×
×
輪廓繡
（取2股繡線）

**縫製方法**

① （正面）
（背面）
縫合脇邊
摺雙

② 縫合側身
脇邊　（背面）
縫合
10
裁剪

③ 袋口摺成三褶，進行縫合。
2　車縫
（正面）

④ 縫合固定
穿繩處用布
穿入長75cm繩帶
縫合銜接
將穿繩處用布的中心，對齊本體脇邊。

◆材料
各式拼接用布片　Q用布110×60cm（包含滾邊部分）　R用布50×100cm　鋪棉、胚布各100×100cm

◆作法順序
拼接A至P'布片，完成8片圖案，接縫Q布片→周圍接縫R布片，完成表布→疊合鋪棉、胚布，進行壓線→進行周圍滾邊（請參照P.82）。

完成尺寸　93×93cm

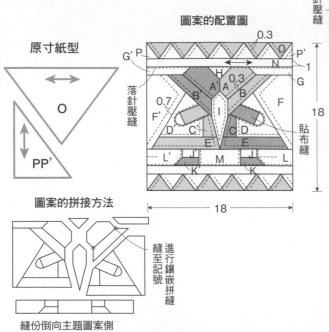

原寸紙型

圖案的配置圖

圖案的拼接方法

縫份倒向主題圖案側

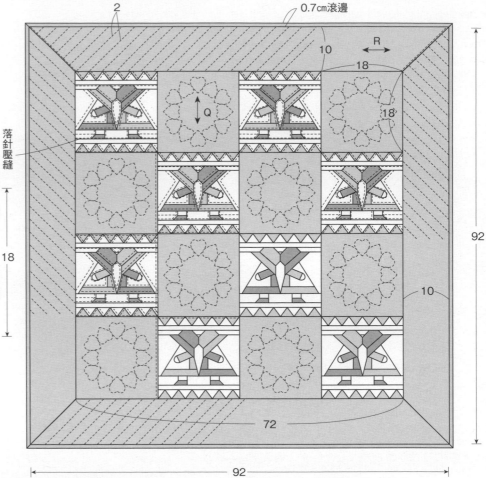

◆材料
各式拼接、包釦用布片　P用布40×40cm（包含袋底、提把部分）　單膠鋪棉40×40cm　胚布55×30cm（包含補強片部分）　長25cm拉鍊1條　直徑1.8cm包釦心2顆

◆作法順序
拼接A至K布片，完成圖案→拼接M至N'布片，完成帶狀區塊→接縫圖案、L布片、O布片、帶狀區塊、P布片，完成袋身表布→表布黏貼鋪棉，疊合胚布，進行壓線→依圖示完成縫製。

◆作法重點
○沿著縫合針目邊緣，修剪袋身的袋口與脇邊縫份的鋪棉。
○包釦作法請參照P.89。

完成尺寸　25×15cm

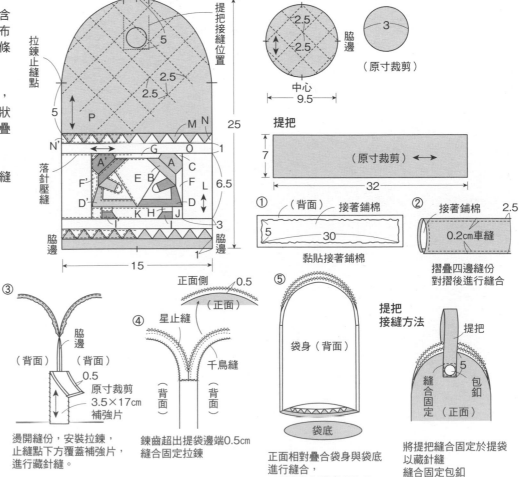

縫製方法

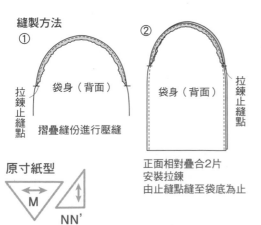

原寸紙型

## P45 No.60肩背包

**◆材料**

各式拼接用布片 後片用布65×25㎝（包含袋底、滾邊、吊耳部分） 鋪棉、胚布各80×25㎝ 內尺寸1.5㎝ D形環2個 長125㎝附活動鉤皮革肩背帶1條

**◆作法順序**

拼接A至D布片，完成前片→疊合鋪棉、胚布，進行壓線→後片與袋底也以相同作法進行壓線→依圖示完成縫製。

**◆作法重點**

○脇邊縫份處理方法，請參照P.83方法A，袋底參照方法B。

完成尺寸 20×26cm㎝

前片
中心
D
B
C
A
0.8
落針壓縫
脇邊
脇邊
19.5
26
後片
中心
2.5
2.5
脇邊
脇邊
26


袋底
中心
脇邊
1.5
5.5
5.5
1.5
5.5
11
19.5


縫製方法

①
（背面）
袋底（正面）
②
0.8㎝滾邊
進行袋口滾邊


正面相對疊合前片與後片，縫合脇邊，正面相對疊合袋底，進行縫合。

吊耳
（2片）
5
2.5
① （正面）
縫合
背面相對對摺，摺入縫份，進行縫合。
② D形環
2
夾縫D形環
吊耳
藏針縫
脇邊
（正面）
進行藏針縫
將吊耳固定於脇邊


原寸紙型

C
A
B
D


### 繡法

輪廓繡
3出
1
3
5出
1出
2入
2
4入
重複步驟2至3。
平針繡
5出
3出
4入
2入
1出
雛菊繡
2入
3出
4入
1出
法國結粒繡
1出
2入
1出
直線繡
1 3 5
出出出
7出
2 4 6
入入入
8入
飛羽繡
1出
3出
2入
4入
鎖鍊繡
3出
1出
2入
4入
5出
重複步驟2至3。
8字結粒繡
1出
繡線捲繞成8字形
稍微拉緊這條線，繡針由1穿出後，由近旁位置穿入。
緞面繡
3出
1出
2入
平針繡
一邊調節針目，一邊重複步驟2至3。
回針繡
1出
3出
2入
平針繡
5出
3出
2入
4入
1出
十字繡
3出
4入
1出
2入
5出
飛行繡
2入
1出
4入
3出
5出
捲線繡
1出
3出
2入
捲繞繡線（相較於2至3，捲繞更長部分）
拉緊繡線
1
3
2
2
4入
德國結粒繡
3出
1出
2入
3
2
1
穿繞2次
4入
長短針繡
1出
3出
2入
4入
配合空間改變刺繡的長度
捲線結粒繡
3出
2入
1出
捲繞繡線拔出繡針
拉緊繡線
4入
釦眼繡
縫得更細密的毛邊繡
魚骨繡
3出
2入
1出
3
2
1
5出
4入
3 2 6
1 5 4
雙重十字繡
1出
5出
4入
7出
8入
3出
2入
6入
平面結粒繡
3出
1出
2入
5出
4入
6入
羽毛結粒繡
3出
2入
1出
4入
毛邊繡
5出
3出
1出
2入
4入
重複步驟2至3

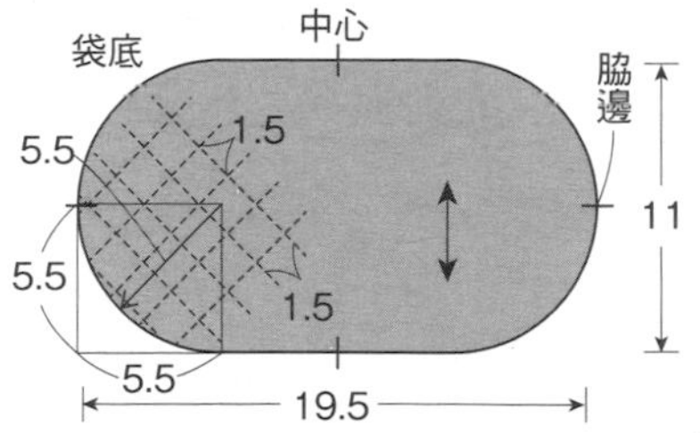

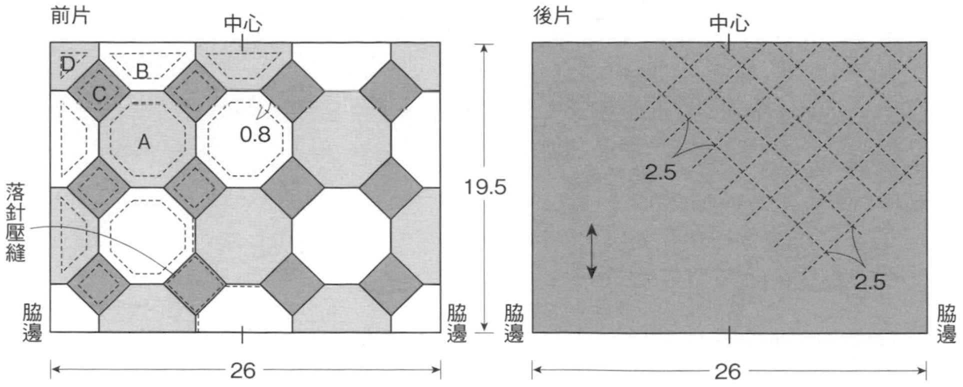

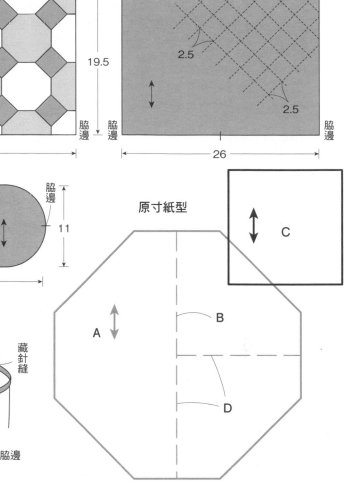

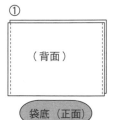

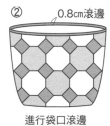

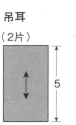

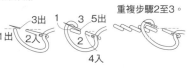

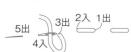

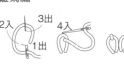

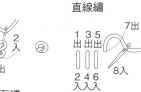

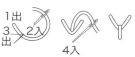

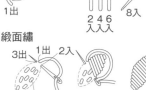

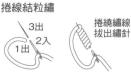

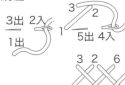

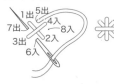

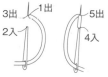

◆材料

手提袋　各式快速壓縫用布片 A用布
70×25cm（包含袋口裡側貼邊部分）
提把用布35×15cm　胚布、裡袋用布各
75×30cm　鋪棉80×40cm　寬1.7cm蕾
絲70cm　25號繡線適量

波奇包　各式拼接用布片 G用布25×25
cm　鋪棉、胚布各40×30cm　裡袋用布
35×25cm　寬3.5cm滾邊用斜布條50cm
寬2cm蕾絲50cm　長20cm拉錬1條　25號
繡線適量

◆作法順序

手提袋　進行快速壓縫，完成2片袋身，
進行壓線與刺繡→縫合固定蕾絲→正面
相對疊合2片，縫成袋狀→製作提把→依
圖示完成縫製。

波奇包　拼接上部，接縫G布片，完成表
布→疊合鋪棉、胚布，進行壓線、刺繡
→依圖示完成縫製。

◆作法重點

○參照配置圖，分割手提袋下部。參照
　配置圖，裁剪曲線部分，縫成喜愛的
　圓弧狀。
○如同本體作法，分別縫合裡袋。

手提袋

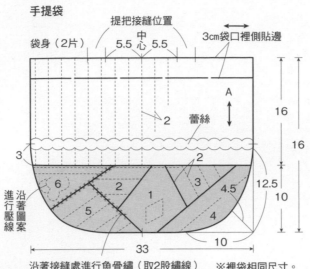

沿著接縫處進行魚骨繡（取2股繡線）　　※裡袋相同尺寸。

提把

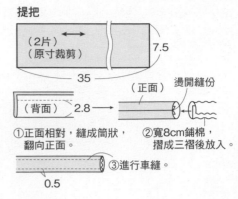

①正面相對，縫成筒狀，　②寬8cm鋪棉，
　翻向正面。　　　　　　　摺成三褶後放入。

③進行車縫

完成尺寸
手提袋 26×33cm
波奇包16.5×22cm

快速壓縫方法

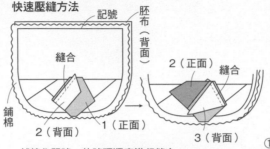

鋪棉作記號，依號碼順序進行縫合。
縫合下部，A布片也以相同作法進行縫合。

縫製方法

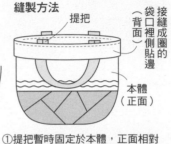

①提把暫時固定於本體，正面相對
　疊合袋口裡側貼邊，縫合袋口。

②將袋口裡側貼邊
　翻向正面，放入裡袋，
　進行藏針縫。

③車縫袋口

波奇包

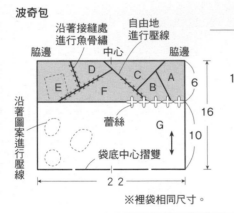

※裡袋相同尺寸。

縫製方法

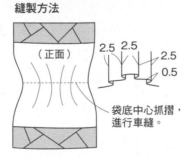

袋底中心抓摺，
進行車縫。

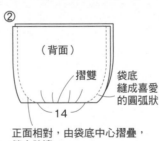

正面相對，由袋底中心摺疊，
縫合脇邊。

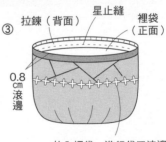

放入裡袋，進行袋口滾邊，
安裝拉錬，縫合固定蕾絲。

P.97小裝飾繡法　　　　　　　　　　　　　　　　　　　　　　　　　　※其他繡法請參照P.95。

羽毛結粒繡

沿著毛邊繡進行鎖錬繡

沿著毛邊繡針目進行鎖錬繡
只挑繡線

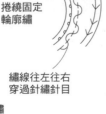

捲繞固定
輪廓繡

繡線往左往右
穿過針繡針目

重複

羽毛結粒繡

繡線由上往下穿
繞飛羽繡針目

一邊沿著纏繩繡針目
穿繞繡線
一邊進行釦眼繡

穿過針目

纏繩鎖錬繡

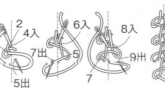

鎖錬繡

纏繩繡

繡線往左往右
穿過魚骨繡針目

纏繩鎖錬繡

以手指
按住

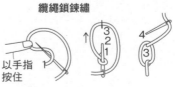

羽毛
結粒繡

鎖錬繡

沿著毛邊繡
針目穿繞繡線

繞線固定後進行輪廓繡

纏繩繡

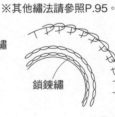

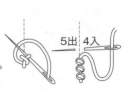

**No.29小壁飾** ●紙型A面 **9**

◆材料（1件的用量）
各式貼布縫布片　A用布、B用布、鋪棉、胚布各15×15cm
裡布20×15cm　5號‧8號段染繡線適量
◆作法順序
A布片進行貼布縫與刺繡→完成B，背面縫合固定A→進行壓
線，完成表布→製作裡布後，正面相對疊合表布，依圖示完
成縫製→B進行刺繡。
◆作法重點
○以喜愛的針法組合進行B刺繡（請參照P.96的繡法）。內
　側使用8號，外側使用5號繡線。

完成尺寸　11.5×12cm

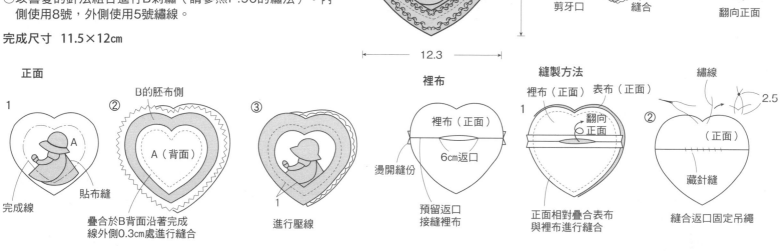

○ 正面

1　完成線　貼布縫

②　B的胚布側　A（背面）　疊合於B背面沿著完成線外側0.3cm處進行縫合

③　進行壓線

裡布　裡布（正面）　燙開縫份　6cm返口　預留返口接縫裡布

縫製方法　裡布（正面）　表布（正面）　翻向正面　6cm返口　正面相對疊合表布與裡布進行縫合

②　繡線　2.5　（正面）　藏針縫　縫合返口固定吊繩

P 66 **No.69 壁飾** ●紙型A面 **13**（A至D布片的原寸紙型＆壓線圖案）

◆材料
各式拼接用布片　白色素布110×35cm
E、F用布55×20cm　G、H用布
110×40cm（包含滾邊部分）鋪棉、胚
布各70×70cm　寬0.7cm織帶260cm
◆作法順序
拼接A至D布片（請參照P.68→）→左
右上下依序接縫EF、GH布片，完成表
布→疊合鋪棉與胚布，進行壓線→進行
周圍滾邊（請參照P.82）→縫合固定織
帶。

完成尺寸　64.5×64.5cm

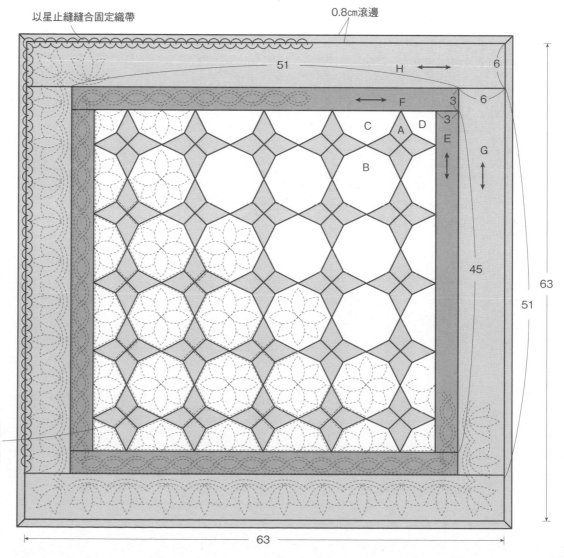

以星止縫縫合固定織帶　　0.8cm滾邊

落針壓縫

◆材料
各式拼接用布片　F用布35×35cm　G用布（包含H布片、
別布部分）、E用紅色素布（包含提把部分）　各45×35cm
鋪棉、胚布、裡袋用布各75×40cm　單膠鋪棉45×10cm
直徑1.8cm　1.4cm鈕釦各4顆

◆作法順序
參照P.62，拼接A至D布片，接縫成1列，完成2片→接縫G
布片，完成2片，接縫H布片，完成表布→疊合鋪棉與胚
布，進行壓線→正面相對由袋底中心摺疊，縫合脇邊，依
圖示完成縫製→縫鈕釦固定提把。

完成尺寸
30×36cm

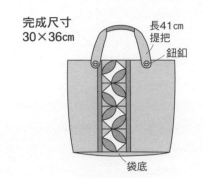

提把
縫鈕釦位置
（4片）
10　15.5
別布
3.5
2
41
半徑1.5cm圓弧狀

黏貼原寸裁剪的接著鋪棉

① （背面）　8cm返口
正面相對疊合2片
進行縫合

② 0.4cm車縫
翻向正面
縫合返口

③ 10
對摺寬邊，進行藏針縫。

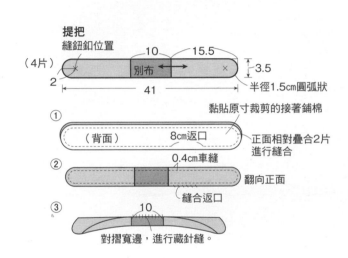

縫製方法

① （正面）
（背面）
縫合脇邊

袋底中心摺雙

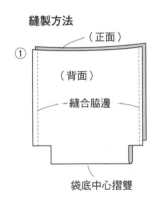

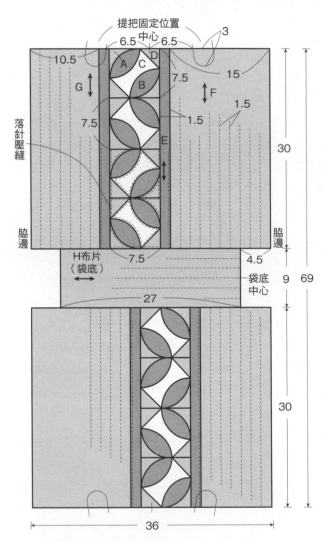

※裡袋為一整片相同尺寸布料裁成。

② 脇邊　（背面）
縫合側身
9

③ 本體（背面）　縫合袋口
裡袋（背面）
15cm返口
翻向正面

正面相對疊合本體
與裡袋進行縫合

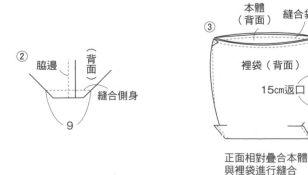

④ 0.5cm星止縫
提把
補強釦
提把
鈕釦
手提袋

以星止縫縫合袋口，接縫提把。

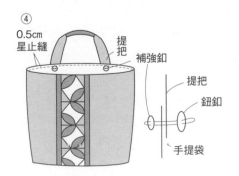

◆材料
No.34　各式貼布縫用布片　台布45×25㎝　A、B用布45×30㎝　寬4㎝滾邊用斜布條180㎝　寬3㎝滾邊繩用斜布條、直徑0.3㎝繩帶各140㎝　鋪棉、胚布各55×40㎝　25號繡線適量
No.35　各式拼接用布片　鋪棉、胚布各30×25㎝　毛氈布（白色、膚色、淺黃色）、25號繡線各適量
No.36　各式貼布縫、YOYO球用布片　台布30×25㎝　A用布30×6㎝　鋪棉26×26㎝　裡布30×30㎝寬3㎝雙邊蕾絲30㎝　寬1㎝波形織帶110㎝　直徑0.7㎝珍珠1顆　蝴蝶結用布、毛氈布（白色、黑色、粉紅色、淺黃色、米黃色）、25號繡線各適量

◆作法順序
No.34　台布分別進行貼布縫與刺繡→製作滾邊繩（請參照P.107），暫時固定於台布左右上下→接縫A與B布片，完成表布→疊合鋪棉與胚布，進行壓線→進行周圍滾邊（請參照P.82）。
No.35　參照P.73，以車縫紙樣拼接法完成表布→固定毛氈布，進行刺繡（除了指定之外，取2股繡線）→製作尾巴→依圖示完成縫製。
No.36　台布進行貼布縫（娃娃臉部除外）與刺繡，接縫A布片→疊合原寸裁剪的鋪棉，進行壓線→進行娃娃臉部貼布縫→YOYO球縫合固定於喜愛位置，周圍進行落針壓縫→依圖示完成縫製→固定蝴蝶結。

◆作法重點
○No.35、No.36的毛氈布原寸裁剪，疊合其他主題圖案的部位，預留縫份約0.5㎝。
○固定No.36的織帶，併攏起點與終點，上面縫合固定YOYO球。YOYO球作法請參照P.108（原寸裁剪直徑7㎝、6㎝、5㎝布片後，分別完成縫製）。

完成尺寸　No.34　52×34㎝　No.35　25×21.5㎝　No.36　25.5×25.5㎝

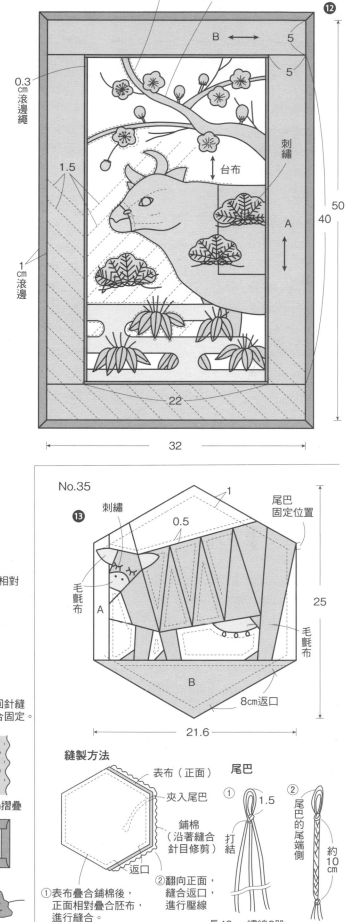

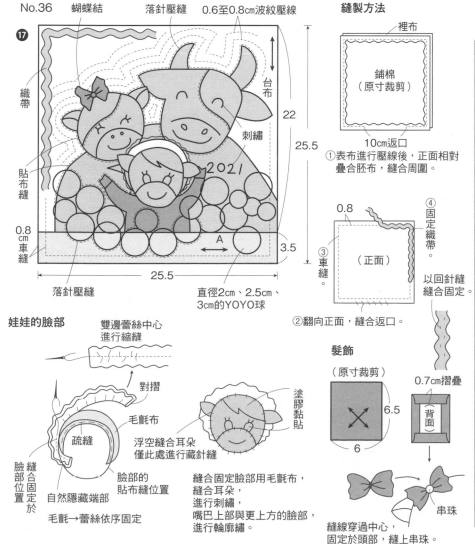

◆材料
各式拼接用羊毛布片　袋身B用皮草
45×35cm（包含提把裝飾部分）　袋
底用羊毛布25×25cm　單膠鋪棉
55×30cm　胚布90×35cm（包含袋身
B用裡布、補強片部分）　直徑0.5cm
蠟繩45cm　長30cm提把、直徑1.4cm縫
式磁釦各1組　棉花適量

◆作法順序
拼接布片，完成袋身A的表布→製作
提把裝飾→依圖示完成縫製。

◆作法重點
○袋身B與裡布正面相對進行縫合，
　翻向正面後，以尖錐等挑出壓入車
　縫部位的絨毛。
○皮草處理方法請參照P.73。

完成尺寸　28×31cm

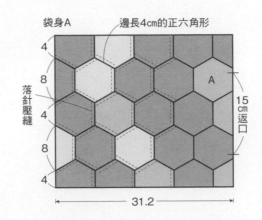

袋身A　邊長4cm的正六角形
4
8
落針壓縫
4
8
4
A
15cm返口
31.2

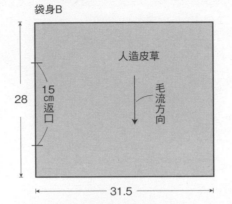

袋身B
28
15cm返口
人造皮草
毛流方向
31.5

縫製方法
① 胚布（背面）※袋身B為裡布
沿著縫合針目
修剪鋪棉
袋身A表布（正面）
單膠鋪棉
返口
縫合

袋身A表布，與背面黏貼鋪棉的胚布，
正面相對疊合，預留返口，進行縫合。
※袋身B與袋底也以相同方法完成縫製
（袋身B無鋪棉）。

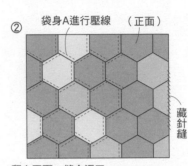

② 袋身A進行壓線　（正面）
藏針縫

翻向正面，縫合返口。
※袋身B與袋底也以相同作法完成縫製。

提把裝飾
（原寸裁剪・2片）
10
① 1
（背面）
周圍進行平針縫

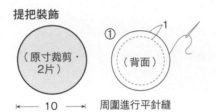

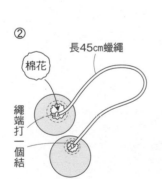

② 長45cm蠟繩
棉花
繩端打一個結

塞入少量棉花，
插入蠟繩，
拉緊平針縫的縫線。

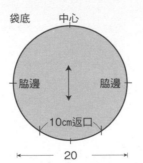

袋底　中心
脇邊　脇邊
10cm返口
20

③
梯形縫
袋身A（背面）　袋身B（背面）

正面相對疊合袋身A與B，
併攏兩端，以梯形縫縫成筒狀。

④
梯形縫
袋身A（背面）　接縫處　袋身B（背面）
4.5
脇邊　中心　脇邊
中心
沿著接縫提把
接縫提把

正面相對併攏袋身與袋底，
進行梯形縫。

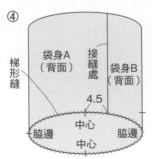

⑤
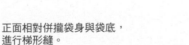
提把
縫合固定提把，
上面疊合補強片，進行藏針縫。
9
中心
提把裝飾穿套提把後，縫住繩帶。
袋身B（正面）
袋身A（正面）
沿著接縫處邊緣

翻向正面，接縫提把，固定磁釦、繩帶裝飾。

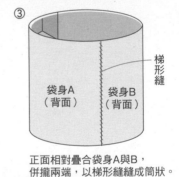

提把
原寸裁剪6×4.5cm補強片
中心
4.5　4.5
袋身A（背面）
4
袋身B（背面）
2.5
接縫處

前片與後片中央的背面側，縫合固定磁釦。

No.30至No.32 框飾　●紙型B面❷⓭

◆材料
No.30至No.32　各式貼布縫用布片　台布、鋪棉、胚布各
15×15cm　內尺寸7.5×7.5cm畫框　25號繡線適量
No.33　各式貼布縫用布片　台布、鋪棉、胚布各25×30cm
直徑0.6cm鈕釦3顆　寬1.5cm星形鈕釦1顆內尺寸15×20cm
橢圓形畫框　壓縫專用線
◆作法順序
No.30至No.32　台布進行貼布縫，進行刺繡，完成表布→
疊合鋪棉與胚布，進行壓線→參照P.41，處理背面後，放
入畫框裡。
No.33　台布進行貼布縫，完成表布→疊合鋪棉與胚布，進
行壓線→進行刺繡，縫上鈕釦→參照P.41，處理背面後，
放入畫框裡（畫框依喜好黏貼蕾絲）。

完成尺寸　No.30至No.32　內尺寸7.5×7.5cm
　　　　　No.30　內尺寸14.5×19cm

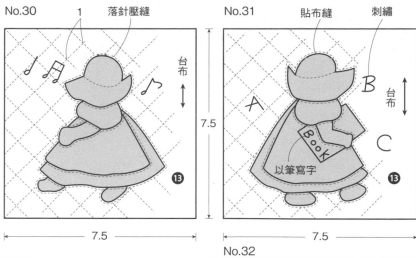

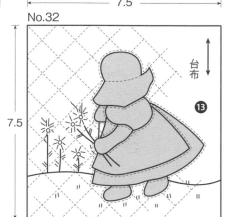

絨球

1

0.3cm縫份

預留縫份，正面相對
縫合，翻向正面。

②

（正面）

疊合於固定位置
進行疏縫

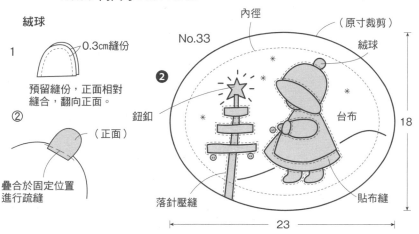

No.42・No.43框飾　●紙型B面⓮

◆材料
No.42　各式A用布片　B用布25×15cm　鋪棉、胚布各35×35cm
內尺寸24×24cm畫框
No.43　各式拼接用布片　鋪棉、胚布各35×35cm　內尺寸
24×24cm畫框
◆作法順序
拼接布片，完成表布→疊合鋪棉與胚布，進行壓線→參照P.41，
處理背面後，放入畫框裡。

完成尺寸　No.42・No.43　內尺寸34×24cm

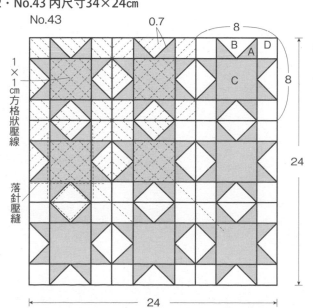

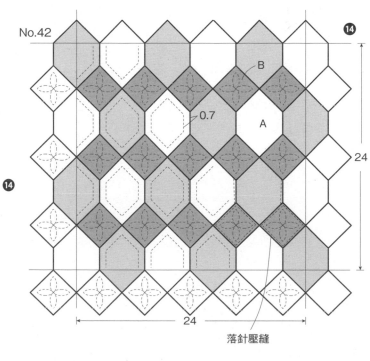

◆材料

No.44至No.47 各式拼接用布片（No.44為貼布縫用布片）台布（僅No.44）25×25cm 鋪棉、胚布各25×25 No.44內尺寸16.5×16.5cm No.44至No.47 內尺寸18×18cm No.52 內尺寸30×30cm 內尺寸16.5×16.5cm（No.44至No.47為內尺寸18×18cm）畫框 壓縫專用線（僅No.45）

No.52 各式貼布縫用布片 台布45×45cm B用布40×25cm 鋪棉、胚布各40×40cm 內尺寸30×30cm畫框 茶色燭心線、草木染天然羊毛各適量

◆作法順序

No.44至No.47 拼接布片（僅No.44在台布上進行貼布縫），完成表布（No.45進行刺繡）→疊合鋪棉與胚布，進行壓線→參照P.41，處理背面後，放入畫框裡。

No.52 A布片進行貼布縫→台布進行貼布縫→接縫B布片，台布進行貼布縫，完成表布→疊合鋪棉與胚布，進行壓線→進行刺繡，天然羊毛揉成圓球狀後固定→參照P.41，處理背面後，放入畫框裡。

完成尺寸 No.44 內尺寸16.5×16.5cm No.44至No.47 內尺寸18×18cm No.52 內尺寸30×30cm

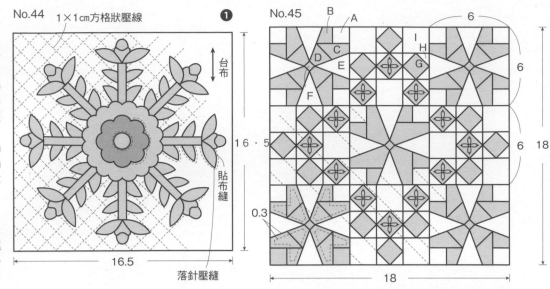

No.44 1×1cm方格狀壓線 ❶
台布
貼布縫
16.5
16.5
落針壓縫

No.45
B A
6 6
18
6
0.3

原寸紙型

No.45 雛菊繡
I H

No.47
A

B A
C
D
E
F

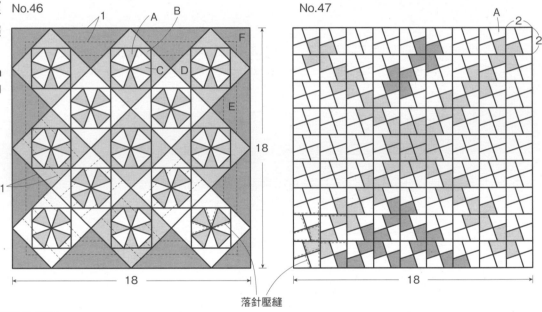

No.46
1 A B
C D
E
F
18
1
落針壓縫

No.47
A 2
2
18
落針壓縫

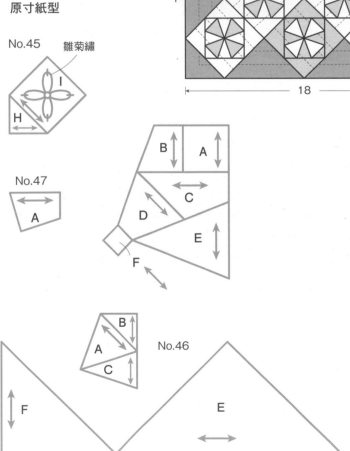

No.47
B
A
C
No.46

F E

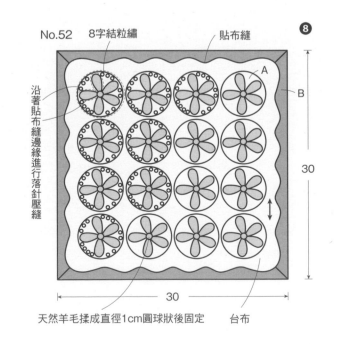

No.52 8字結粒繡 貼布縫 ❽
A
B
沿著貼布縫邊緣進行落針壓縫
30
30
天然羊毛揉成直徑1cm圓球狀後固定 台布

No.48・No.49框飾　●紙型B面❶⓲

◆材料
No.48　各式貼布縫用布片　台布、鋪棉、胚布各
30×30cm　內尺寸19×19cm畫框　25號繡線適量
No.49　各式貼布縫用布片　台布、鋪棉、胚布各
25×55cm　內尺寸15×45cm畫框　25號繡線適量

◆作法順序
台布進行貼布縫、刺繡，完成表布→疊合鋪棉與胚
布，進行壓線→參照P.41，處理背面後，放入畫
框裡。

完成尺寸　No.48 內尺寸19×19cm
　　　　　No.49 內尺寸15×45cm

貼布縫方法

以喜愛的線條進行壓線

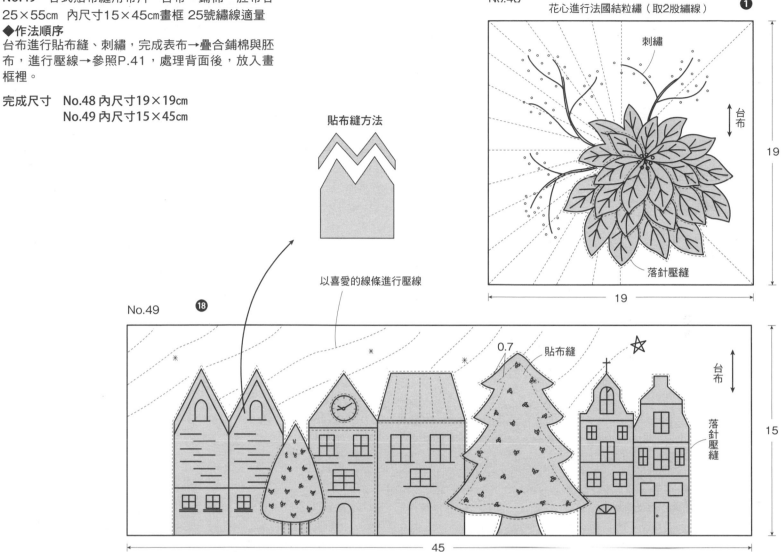

No.48　花心進行法國結粒繡（取2股繡線）　❶
刺繡
台布
落針壓縫
19
19

No.49　⓲
0.7　貼布縫
台布
落針壓縫
15
45

No.50・No.51框飾　●紙型A面❷

◆材料
各式貼布縫用布片　台布、鋪棉、胚布各
25×30cm　內尺寸17×12.5cm心形畫框
25號繡線適量

◆作法順序
台布進行貼布縫、刺繡，完成表布→疊合
鋪棉與胚布，進行壓線→參照P.41，處理
背面後，放入畫框裡。

完成尺寸　內尺寸17×12.5cm

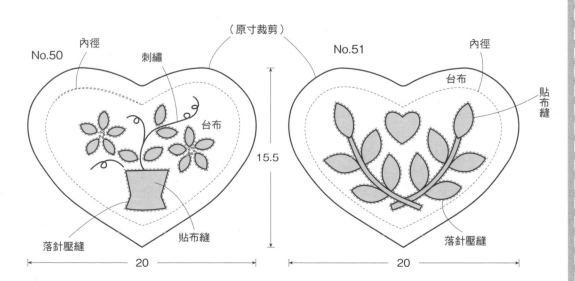

No.50　內徑　刺繡　（原寸裁剪）　No.51　內徑
台布　貼布縫
落針壓縫　貼布縫　落針壓縫
15.5
20　20

◆材料
各式A至E用布片　F至J用布85×40
cm　袋底用布30×20cm　裡袋用布、
鋪棉、胚布各85×55cm　厚接著襯
25×20cm　長40cm皮革提把1組　寬
2cm緞帶25cm　裝飾用蕾絲、緞帶、
鈕釦各適量

◆作法順序
拼接布片，完成袋身表布→袋身表布
與袋底疊合鋪棉、胚布，進行壓線→
製作裡袋→依圖示完成縫製。

◆作法重點
○袋身進行壓線時，兩邊端預留3至
　4cm，接縫成圈後，處理預留部
　分。

完成尺寸　27 × 40cm

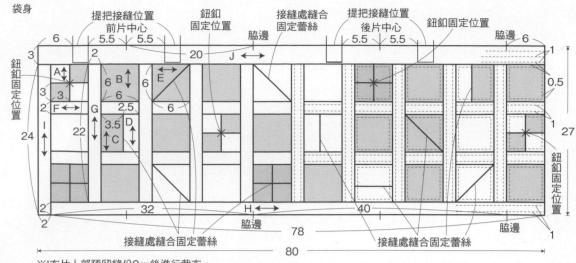

※I布片上部預留縫份2cm後進行裁布。
※裡袋為一整片相同尺寸布料裁成。

袋底

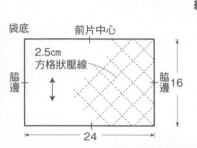

※裡袋相同尺寸（黏貼原寸裁剪的接著襯）。

縫製方法
①

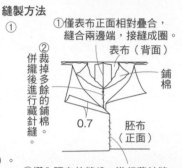

①僅表布正面相對疊合，
　縫合兩邊端，接縫成圈。
②裁掉多餘的鋪棉，併攏後進行藏針縫。
③摺入胚布的縫份，進行藏針縫。

②

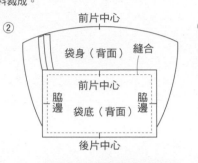

對齊中心與脇邊的記號，正面
相對疊合袋身與袋底，進行縫合。

③

翻向正面，朝著背面摺疊
袋口縫份，縫合固定提把。

裡袋
①

對摺後進行縫合

②

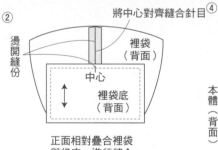

正面相對疊合裡袋
與袋底，進行縫合。

④

將裡袋放入內側，
沿著袋口進行藏針縫。

⑤

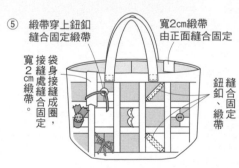

接縫處縫合固定喜愛的裝飾配件

◆材料
主題圖案用布55×55cm　台布
110×60cm（包含滾邊部分）
鋪棉、袋底用布各60×80cm
（包含底板部分）　胚布、裡接
著襯各60×60cm　底板40×10
cm　長48cm皮革提把1組

◆作法順序
台布進行貼布縫，完成表布→
疊合鋪棉、胚布，進行壓線→
製作裡袋→依圖示完成縫製。

◆作法重點
○袋身B與裡布正面相對進行縫
　合，翻向正面後，以尖錐等
　挑出壓入車縫部位的絨毛。
○皮草處理方法請參照P.73。

完成尺寸　24.5×50cm

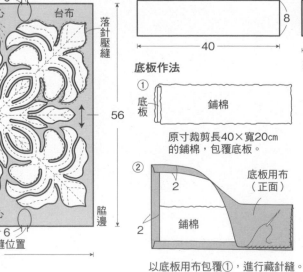

※裡袋相同尺寸。

底板作法
①

原寸裁剪長40×寬20cm
的鋪棉，包覆底板。

②

以底板用布包覆①，進行藏針縫。

縫製方法
①

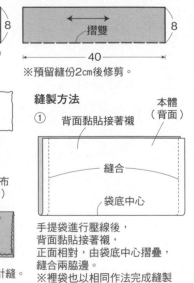

手提袋進行壓線後，
背面黏貼接著襯，
正面相對，由袋底中心摺疊，
縫合兩脇邊。
※裡袋也以相同作法完成縫製
　（無接著襯）。

※預留縫份2cm後修剪。

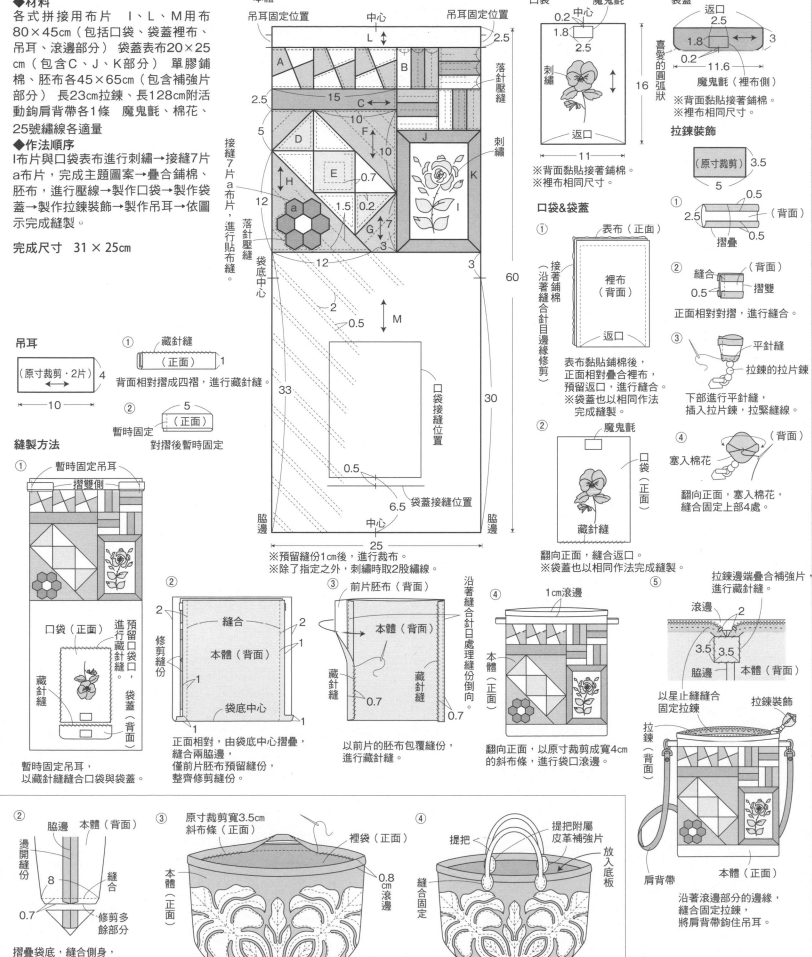

◆材料
各式拼接用布片　I、L、M用布
80×45cm（包括口袋、袋蓋裡布、
吊耳、滾邊部分）　袋蓋表布20×25
cm（包含C、J、K部分）　單膠鋪
棉、胚布各45×65cm（包含補強片
部分）　長23cm拉鍊、長128cm附活
動鉤肩背帶各1條　魔鬼氈、棉花、
25號繡線各適量

◆作法順序
I布片與口袋表布進行刺繡→接縫7片
a布片，完成主題圖案→疊合鋪棉、
胚布，進行壓線→製作口袋→製作袋
蓋→製作拉鍊裝飾→製作吊耳→依圖
示完成縫製。

完成尺寸　31 × 25cm

**吊耳**

**縫製方法**

※預留縫份1cm後，進行裁布。
※除了指定之外，刺繡時取2股繡線。

口袋（正面）

※背面黏貼接著鋪棉。
※裡布相同尺寸。

**口袋&袋蓋**

表布黏貼鋪棉後，
正面相對疊合裡布，
預留返口，進行縫合。
※袋蓋也以相同作法
完成縫製。

翻向正面，縫合返口。
※袋蓋也以相同作法完成縫製。

袋蓋

※背面黏貼接著鋪棉。
※裡布相同尺寸。

**拉鍊裝飾**

正面相對對摺，進行縫合。

下部進行平針縫，
插入拉片鍊，拉緊縫線。

翻向正面，塞入棉花，
縫合固定上部4處。

正面相對，由袋底中心摺疊，
縫合兩脇邊，
僅前片胚布預留縫份，
整齊修剪縫份。

以前片的胚布包覆縫份，
進行藏針縫。

翻向正面，以原寸裁剪成寬4cm
的斜布條，進行袋口滾邊。

以星止縫縫合
固定拉鍊

暫時固定吊耳，
以藏針縫縫合口袋與袋蓋。

摺疊袋底，縫合側身，
修剪多餘縫份。
※裡袋也以相同作法完成縫製。

翻向正面，放入裡袋，進行袋口滾邊。

以提把與附屬皮革補強片夾住袋口，
以回針縫縫合固定。

沿著滾邊部分的邊緣，
縫合固定拉鍊，
將肩背帶鉤住吊耳。

105

◆材料
各式拼接用布片　B用布60×30㎝　袋口布用布45×40㎝（包含提把部分）　單膠鋪棉75×50㎝
胚布50×60㎝　厚接著襯35×10㎝
◆作法順序
拼接A布片，完成56片圖案，接縫成4×14列→接縫B布片，完成表布→胚布、鋪棉疊合表布，
進行壓線→摺疊形成褶襉→製作袋口布與提把→依圖示完成縫製。
◆作法重點
○脇邊縫份處理方法請參照P.83方法A。

完成尺寸　26×32㎝

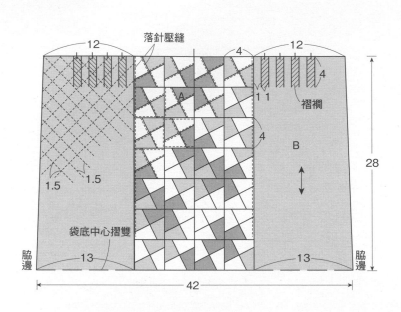

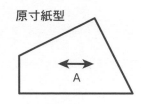

原寸紙型

褶襉的縫法

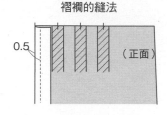

以記號為大致基準，
正面相對對摺，進行縫合，
翻向正面。

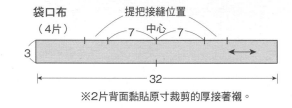

袋口布
（4片）

提把接縫位置
中心
※2片背面黏貼原寸裁剪的厚接著襯。

（背面）

正面相對疊合2片，接縫成圈。

縫製方法

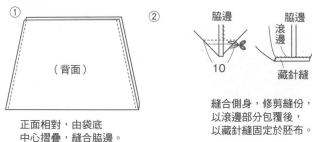

① （背面）

正面相對，由袋底
中心摺疊，縫合脇邊。

② 脇邊　　脇邊
滾邊

藏針縫

縫合側身，修剪縫份，
以滾邊部分包覆後，
以藏針縫固定於胚布。

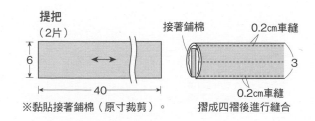

提把
（2片）

接著鋪棉　0.2cm車縫

3

0.2cm車縫
摺成四褶後進行縫合
※黏貼接著鋪棉（原寸裁剪）。

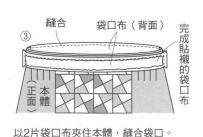

③ 縫合　袋口布（背面）
完成貼襯的袋口布
（正面）本體（正面）

以2片袋口布夾住本體，縫合袋口。

④ 提把
0.2　摺入縫份
袋口布（正面）
0.2　袋口布（正面）

將袋口布翻向正面，
摺入縫份，進行縫合。
此時，夾入提把。

**No.27・No.28 肩背包**　●紙型B面❾（A、B、口袋的原寸紙型＆貼布縫圖案）

No.27　　　No.28

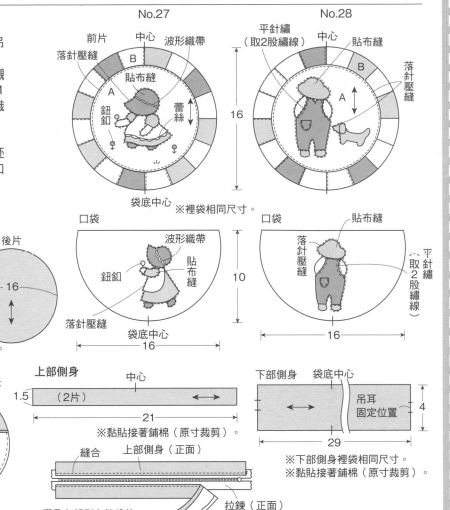

前片　中心　波形織帶
落針壓縫
B
A　貼布縫
鈕釦　蕾絲
16

平針繡（取2股繡線）　中心　貼布縫
B
A
落針壓縫

袋底中心　※裡袋相同尺寸。

口袋　波形織帶
鈕釦　貼布縫
落針壓縫
袋底中心
16
10

口袋　貼布縫
落針壓縫
平針繡（取2股繡線）
16

◆材料
各式拼接、貼布縫用布片　後片用布110×30cm（包含側身、吊耳、口袋胚布、裡袋部分）　A用布35×15cm（包含口袋部分）　鋪棉40×20cm　前片胚布20×20cm　單膠鋪棉50×20cm　接著襯40×30cm　寬2cm斜布條、直徑0.3cm繩帶各25cm　長20cm拉鍊1條　長130cm附活動鉤肩背帶1條　直徑0.5cm鈕釦、蕾絲、波形織帶、25號繡線各適量

◆作法順序
A布片進行貼布縫，拼接B布片後，進行接縫，完成前片表布→胚布、鋪棉疊合表布，進行壓線→後片表布黏貼接著鋪棉→製作口袋，暫時固定於後片→製作側身→依圖示完成縫製。

◆作法重點
○圍裙下襬與吊帶工作褲脇邊不縫合，呈浮空狀態。

完成尺寸　直徑16cm

吊耳（2片）
（原寸裁剪）
5　　4
藏針縫　正面
1
摺成四褶進行藏針縫

滾邊繩
（原寸裁剪）
2　0.3　繩帶
20
※裡袋相同尺寸。（黏貼接著襯）

後片
16
※裡袋相同尺寸。（黏貼接著襯）

上部側身
（2片）
中心
1.5
21
※黏貼接著鋪棉（原寸裁剪）。

下部側身　袋底中心
吊耳固定位置
4
29
※下部側身裡袋相同尺寸。
※黏貼接著鋪棉（原寸裁剪）。

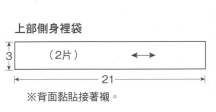

口袋
① 滾邊繩　鋪棉　表布（正面）
摺雙　胚布（背面）
表布疊合鋪棉後，正面相對疊合胚布，夾縫滾邊繩。

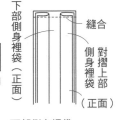

② 滾邊繩
正面　表布　正面
翻向正面，進行壓線。

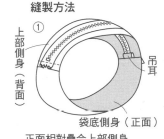

後片的彙整方法
後片（正面）
後片疊合口袋，進行疏縫。

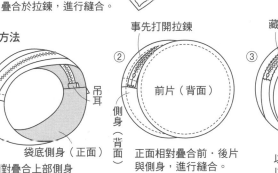

上部側身（正面）
縫合
拉鍊（正面）
摺疊上部側身縫份後，疊合於拉鍊，進行縫合。

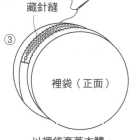

上部側身裡袋
（2片）
3
21
※背面黏貼接著襯。

下部側身裡袋（正面）
縫合
側身對摺上部裡袋（正面）
下部側身裡袋，疊合對摺的上部側身裡袋，縫合兩端，接縫成圈。如同本體作法完成縫製。

縫製方法
① 上部側身（背面）　吊耳　側身（背面）　袋底側身（正面）
正面相對疊合上部側身與下部側身，接縫成圈。此時，夾入對摺的吊耳。

② 事先打開拉鍊　前片（背面）　側身（背面）
正面相對疊合前・後片與側身，進行縫合。

③ 藏針縫　裡袋（正面）
以裡袋套蓋本體，以藏針縫縫於拉鍊。

---

**No.59手提包**　●紙型B面⓴（A至E布片的原寸紙型）

◆材料
各式拼接用布片　後片用布45×45cm　鋪棉、胚布各90×45cm　寬3.5cm滾邊用斜布條270cm　長40cm提把1組

◆作法順序
拼接A至E布片，完成前片表布→疊合鋪棉、胚布，進行壓線→如同後片作法，進行壓線→進行周圍滾邊→依圖示完成縫製。

完成尺寸　40.5×40.5cm

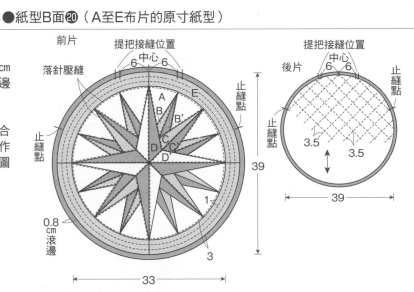

前片
提把接縫位置
落針壓縫
中心
6　6
止縫點
A
B
B'
C
C'
D
D'
E
止縫點
39
1
0.8cm滾邊
3
33

提把接縫位置
6　6
中心
後片
止縫點
止縫點
3.5　3.5
39

作法
① 後片（背面）　前片（正面）
止縫點
止縫點
背面相對疊合，沿著滾邊部分的邊緣，進行縫合，從止縫點至止縫點。

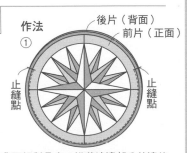

② 提把
縫合固定提把

107

◆材料

相同　各式貼布縫、拼接用布片　並太毛線適量

手提袋　C、D用布110×45cm（包含釦絆、滾邊、包釦部分）鋪棉、胚布、裡袋用布（包含YOYO球部分）各70×55cm　接著襯20×15cm　直徑2cm縫式磁釦1組　長65cm皮革提把1組　直徑1.2cm包釦心8顆　直徑0.5cm珍珠4顆　直徑0.2cm珍珠360顆　直徑0.2cm種子珠適量

小肩包　c、d用布90×25cm（包含袋底、釦絆、滾邊、滾邊繩、吊耳部分）鋪棉、胚布、裡布　各60×25cm　接著襯20×10cm　直徑0.3cm繩帶50cm　直徑1.7cm縫式磁釦1組　內尺寸1cm D形環2個　長95cm附活動鉤肩背鍊1條　直徑0.2cm珍珠116顆　直徑2cm種子珠48顆

◆作法順序※（ ）為小肩包作法說明

拼接布片，進行貼布縫，完成本體（袋身）表布→疊合鋪棉與胚布，進行壓線（袋底也以相同作法進行壓線後，疊合裡布，進行疏縫）→縫上串珠→製作釦絆（製作滾邊繩與吊耳）→依圖示完成縫製。

◆作法重點

○手提袋的裡袋與本體裁剪成相同尺寸，以相同作法進行縫製。

○凹釦朝著外側，凸釦朝著內側，將磁釦縫合固定於釦絆。

○滾邊時夾縫數條毛線當作滾邊芯部。

完成尺寸　手提袋29×45cm
　　　　　小肩包 20×23.5cm

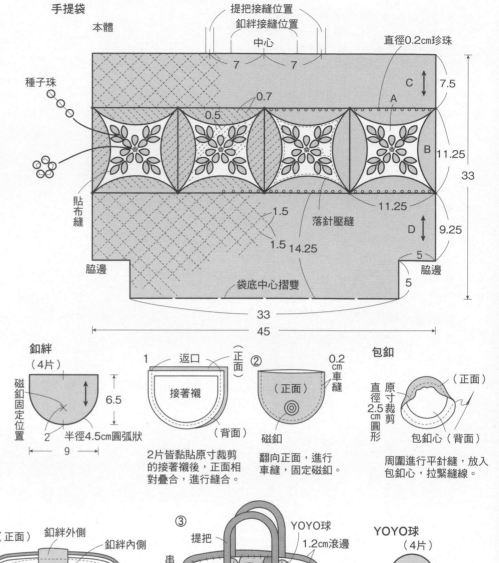

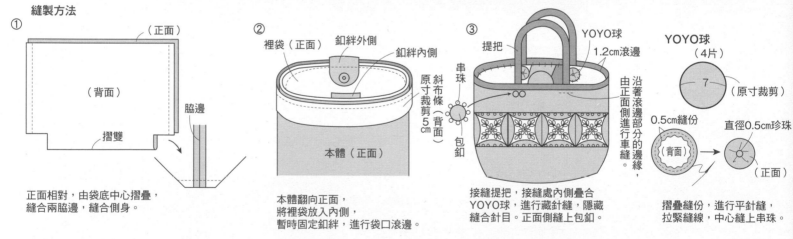

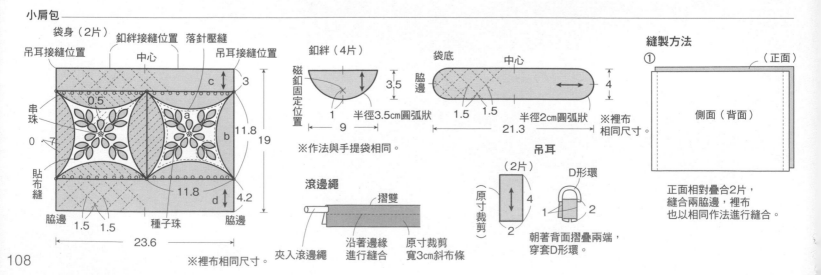

◆材料

各式拼接用布片 B至F用米黃色先染布75×50cm（包含袋底、襠片、滾邊繩部分） 鋪棉、胚布100×35cm 裡袋用布110×45cm（包含底板、口袋部分） 接著襯85×30cm 長20cm拉鍊1條 直徑0.3cm繩帶75cm 長35cm皮革提把1組 手提包用底板27.5×9cm 5號繡線、喜愛的細織帶各適量

◆作法順序

完成9個區塊→接縫6個區塊與B、C布片，完成前片表布→疊合鋪棉與胚布，進行壓線→拉鍊口袋接縫D與E至F布片，進行壓線完成區塊後，分別正面相對進行縫合，完成後片→袋底也以相同作法進行壓線→依圖示完成縫製。

◆作法重點

○裡袋與本體裁剪成相同尺寸，黏貼原寸裁剪的接著襯，以相同作法進行縫合（袋底預留返口）。

完成尺寸　25×34.5cm

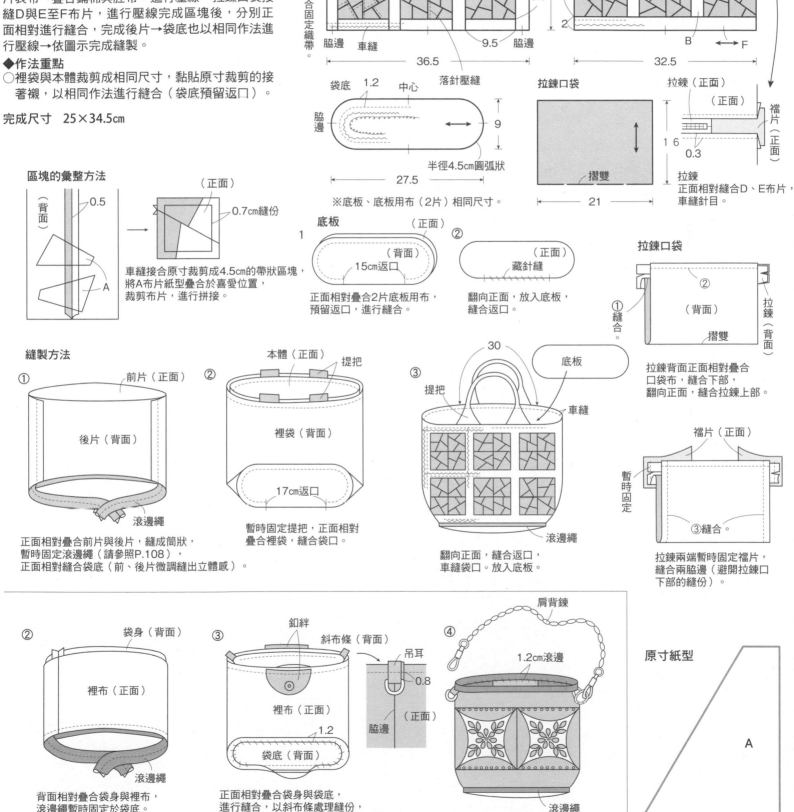

◆材料
相同　各式拼接用布片　袋身上部裡布60×55cm（包含裡袋側身A部分）　單膠鋪棉、接著襯各85×70cm　內尺寸1.5cm
D形環、內尺寸1cm活動鉤各1個
No.65　袋身上部用布85×45cm（包含側身表布部分）　裡袋用布85×35cm（包含裡袋側身B、吊耳部分）。
No.66　袋身上部用布85×60cm（包含側身表布、吊耳部分）　裡袋用布85×35cm（包含裡袋側身B部分）。

◆作法順序（相同）
拼接布片，完成2片袋身下部→背面黏貼鋪棉，進行壓線→製作側身（No.66依喜好沿著圖案進行壓線）→依圖示完成縫製。

◆作法重點
○周圍輕輕地黏貼鋪棉，沿著縫合針目邊緣修剪。

完成尺寸　35×40cm

**側身**

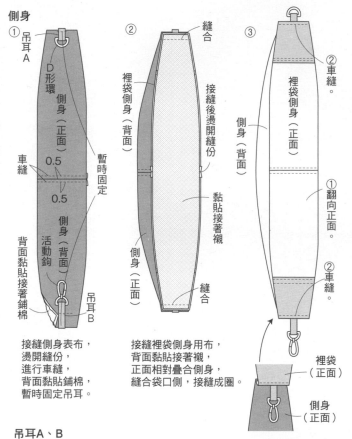

接縫側身表布，
燙開縫份，
進行車縫，
背面黏貼鋪棉，
暫時固定吊耳。

接縫裡袋側身用布，
背面黏貼接著襯，
正面相對疊合側身，
縫合袋口側，接縫成圈。

**吊耳A、B**

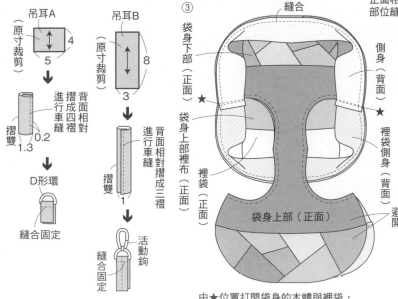

由★位置打開袋身的本體與裡袋，
疊合已經接合成圈的側身一整圈，進行縫合。

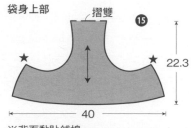

袋身上部
22.3
40
※背面黏貼鋪棉。
※裡布相同尺寸（背面黏貼接著襯）。

袋身下部（2片）　⑮
自由地進行壓線
中心
1
袋底中心
落針壓縫
15
40
※背面黏貼鋪棉。

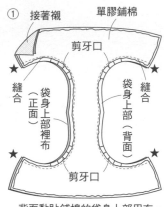

袋身下部的裡袋（2片）　⑮
中心
13.5
40
※背面黏貼接著襯。

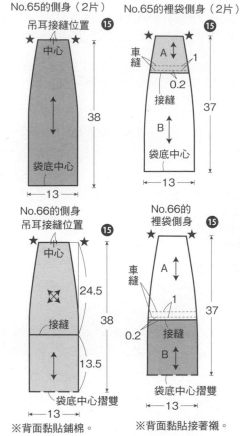

No.65的側身（2片）
吊耳接縫位置　⑮
中心
袋底中心
38
13

No.65的裡袋側身（2片）⑮
車縫
A　1
0.2
接縫
B
袋底中心
37
13

No.66的側身
吊耳接縫位置　⑮
中心
接縫
24.5
38
13.5
袋底中心摺雙
13
※背面黏貼鋪棉。

No.66的裡袋側身　⑮
車縫
A
1
0.2
接縫
B
袋底中心摺雙
37
13
※背面黏貼接著襯。

**縫製方法**

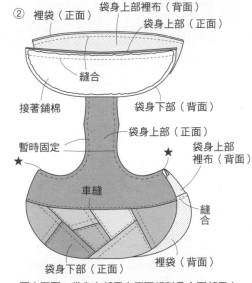

① 接著襯　單膠鋪棉　剪牙口
縫合　袋身上部（正面）　袋身上部裡布（正面）　袋身上部（背面）　縫合
剪牙口

背面黏貼鋪棉的袋身上部用布，與黏貼接著襯的袋身上部裡布，正面相對疊合，縫合提把，曲線部位縫份剪牙口。

② 裡袋（正面）　袋身上部裡布（背面）　袋身上部（正面）
縫合
接著鋪棉
暫時固定
車縫
袋身下部（背面）
袋身上部（正面）
袋身上部裡布（背面）
縫合
裡袋（背面）
袋身下部（正面）

翻向正面，袋身上部用布正面相對疊合下部用布，進行縫合，縫份倒向上部側，進行車縫，袋身上部裡布也以裡袋作法進行縫合。

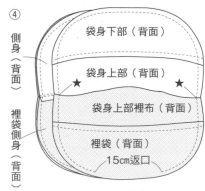

④ 側身（背面）　袋身下部（背面）　袋身上部（背面）　袋身上部裡布（背面）　裡袋側身（背面）　裡袋（背面）　15cm返口

由★記號處打開後片側的本體與裡袋，疊合側身的另一側一整圈，預留返口，進行縫合。

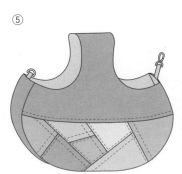

⑤

翻向正面，縫合返口。

◆材料
各式拼接、貼布縫用布片　裡袋用布50×30cm　提把用布35×20cm　鋪棉65×35cm　寬1.2cm緞帶35cm　直徑1cm珍珠
1顆　喜愛的蕾絲、3股為一條的25號繡線（Soie et）各適量

◆作法順序
進行拼接、貼布縫、刺繡，完成表布→疊合鋪棉與胚布，進行壓線→後片也以相同作法進行壓線→正面相對疊合前
片與後片，縫成袋狀→縫合側身→裡袋也以相同作法進行縫合→製作提把→依圖示完成縫製。

◆作法順序
○接縫處進行落針壓縫時，是沿著魚骨繡之間部分壓縫。
○沿著袋口縫合針目邊緣修剪鋪棉。

完成尺寸　27×22cm

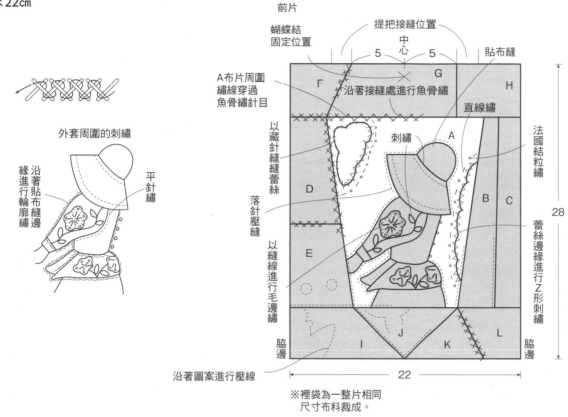

外套周圍的刺繡

沿著貼布縫邊緣進行輪廓繡
平針繡

前片

蝴蝶結固定位置
提把接縫位置
中心
5　5
貼布縫

A布片周圍繡線穿過魚骨繡針目
沿著接縫處進行魚骨繡
直線繡
刺繡
法國結粒繡

以藏針縫縫蕾絲
落針壓縫
以縫線進行毛邊繡
蕾絲邊緣進行Z形刺繡

Γ　G　H
D　A
E　B　C
I　J　K　L

脇邊　脇邊
28
22

沿著圖案進行壓線

※裡袋為一整片相同尺寸布料裁成。

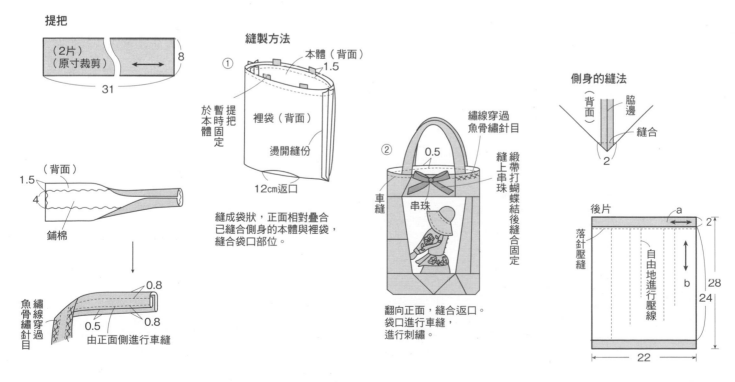

提把

（2片）（原寸裁剪）
8
31

（背面）
1.5
4
鋪棉

魚骨繡繡線穿過針目
0.8
0.5　0.8
由正面側進行車縫

縫製方法

① 本體（背面）
1.5
於本時暫提固把定

裡袋（背面）
燙開縫份
12cm返口

縫成袋狀，正面相對疊合已縫合側身的本體與裡袋，縫合袋口部位。

② 繡線穿過魚骨繡針目
0.5
緞帶打蝴蝶結後縫合固定
縫上串珠
車縫
串珠

翻向正面，縫合返口。
袋口進行車縫，進行刺繡。

側身的縫法
（背面）
脇邊
縫合
2

後片
a
2
落針壓縫
自由地進行壓線
b
28
24
22

# PATCH WORK 拼布教室

國家圖書館出版品預行編目(CIP)資料

Patchwork拼布教室21：伴你拼布：可愛蘇姑娘圖選集／
BOUTIQUE-SHA授權；林麗秀, 彭小玲譯.
-- 初版. -- 新北市：雅書堂文化事業有限公司, 2021.02
面；　公分. -- (Patchwork拼布教室；21)
ISBN　978-986-302-575-7(平裝)

1.拼布藝術 2.手工藝

426.7　　　　　　　　　　　　　110000629

授　　　　　權／BOUTIQUE-SHA
譯　　　　者／彭小玲・林麗秀
社　　　　長／詹慶和
執 行 編 輯／黃璟安
編　　　　輯／蔡毓玲・劉蕙寧・陳姿伶
封 面 設 計／韓欣恬
美 術 編 輯／陳麗娜・周盈汝
內 頁 編 排／造極彩色印刷
出 　 版 　 者／雅書堂文化事業有限公司
發 　 行 　 者／雅書堂文化事業有限公司
郵 政 劃 撥 帳 號／18225950
郵 政 劃 撥 戶 名／雅書堂文化事業有限公司
地　　　　址／新北市板橋區板新路206號3樓
電　　　　話／(02)8952-4078
傳　　　　真／(02)8952-4084
網　　　　址／www.elegantbooks.com.tw
電 子 郵 件／elegant.books@msa.hinet.net

### 原書製作團隊

編 輯 長／関口尚美
編　　　　輯／神谷夕加里
編輯協力／佐佐木純子・三城洋子
攝　　　　影／腰塚良彦(本誌)・山本和正
設　　　　計／和田充美(本誌)・小林郁子・多田和子・
　　　　　　　松田祐子・松本真由美・山中みゆき
製　　　　圖／大島幸・小山惠美・小坂恒子・櫻岡知榮子・
　　　　　　　為季法子
繪　　　　圖／木村倫子・三林よし子
紙型描圖／共同工芸社・松尾容巳子

PATCHWORK KYOSHITSU (2020-2021 Winter issue)
Copyright © BOUTIQUE-SHA 2020 Printed in Japan
All rights reserved.
Original Japanese edition published in Japan by BOUTIQUE-SHA.
Chinese (in complex character) translation rights arranged with
BOUTIQUE-SHA
through KEIO CULTURAL ENTERPRISE CO., LTD.

2021年02月初版一刷　定價／380元

總經銷／易可數位行銷股份有限公司
地址／新北市新店區寶橋路235巷6弄3號5樓
電話／（02）8911-0825　傳真／（02）8911-0801